JN298962

知りたい！サイエンス

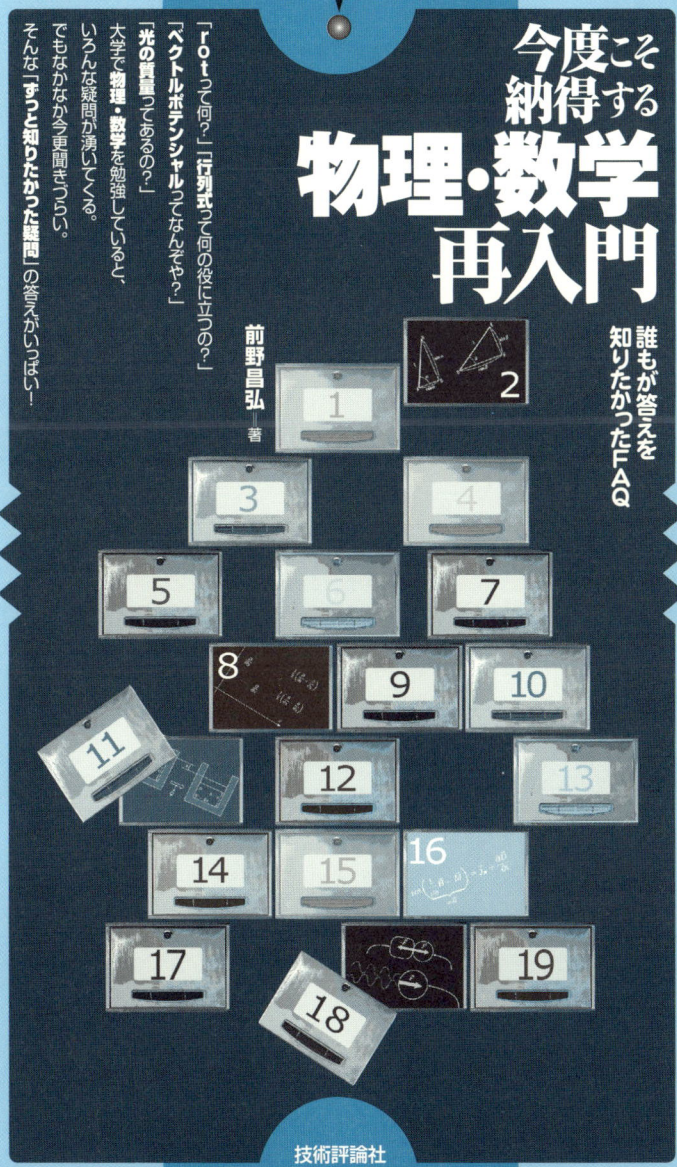

今度こそ納得する

物理・数学再入門

誰もが答えを知りたかったFAQ

前野昌弘=著

「rotって何？」「行列式って何の役に立つの？」
「ベクトルポテンシャルってなんぞや？」
「光の質量ってあるの？」
大学で**物理・数学**を勉強していると、
いろんな疑問が湧いてくる。
でもなかなか今更聞きづらい。
そんな「**ずっと知りたかった疑問**」の答えがいっぱい！

技術評論社

まえがき

昔、物理の本を読んでいて、どうにも腑に落ちないことがあった。その本には「極座標のラプラシアン」として、

$$\triangle f = \frac{1}{r^2}\frac{\partial}{\partial r}\left(r^2\frac{\partial f}{\partial r}\right) + \frac{1}{r^2\sin\theta}\frac{\partial}{\partial \theta}\left(\sin\theta\frac{\partial f}{\partial \theta}\right) + \frac{1}{r^2\sin^2\theta}\frac{\partial^2 f}{\partial \phi^2}$$

という式が載っていた。さらにこれが、$\vec{\nabla} = \vec{e}_r\frac{\partial}{\partial r} + \vec{e}_\theta\frac{1}{r}\frac{\partial}{\partial \theta} + \vec{e}_\phi\frac{1}{r\sin\theta}\frac{\partial}{\partial \phi}$という演算子を使って、$\triangle = \vec{\nabla}\cdot\vec{\nabla}$と書ける、とあったのである。しかしそれならどうして、

$$\triangle = \frac{\partial^2}{\partial r^2} + \frac{1}{r^2}\frac{\partial^2}{\partial \theta^2} + \frac{1}{r^2\sin^2\theta}\frac{\partial^2}{\partial \phi^2}$$

ではないのだろう?——内積というからには「(r成分)^2+(θ成分)^2+(ϕ成分)^2」で計算すべきだろう。$\vec{\nabla}$のr成分は$\frac{\partial}{\partial r}$だから、それを自乗すれば$\frac{\partial^2}{\partial r^2}$になるのならわかる。だが、答えは$\frac{1}{r^2}\frac{\partial}{\partial r}\left(r^2\frac{\partial}{\partial r}\right)$だ、と言うのである。なんだって微分した後で$r^2$かけてからもう1回微分して、さらに最後に$r^2$で割る、なんて計算が必要なのか??——当時の私には謎であった。

これについていろいろ考えたり、質問したりした。これ以外にもいろいろ悩みはあった。学生時代の友人は一緒に考えてくれたりいろいろヒントを与えてくれたりした[*1]のだが、なかなか答えは出なかった。

[*1] 私は自分の人生において一番の宝は、若かった時期に、こういうことをとことん考えることができるような環境にいることができたことだと思う。特に一緒にあれこれ考えてくれた学生時代の友人達には今もとても感謝している。

ある本には「長い退屈な計算をするとこうなる」と書いてあった。実際にやってみたら、確かに長くて退屈だったが、できた。「大変だけど、一生に1回ぐらいはやっておくべきだ」と先生に言われた。1回やったのでもうやらなくていいんだな、と思った[*2]。

だが人間というものは「計算したらこうなりました」では納得できるものではない。何かもっと「なるほど」と納得できる方法はないものだろうか。あるいはせめて、単純に内積をとったのではいけない理由を理解できないものだろうか。

私が最終的にどのように納得するにいたったかは後でじっくり書こう。その過程においてわかったことは「**自分が何を計算しているのかをはっきりわかってから計算するのでなければ、計算しても意味がない。**」ということだった。つまり、昔の私は、そもそもラプラシアンが何なのかという根本的な部分から全くわかってなかった。わかってなかったのだから、その計算方法が納得できないのも当然だったのだ。

ラプラシアンというものの持つ意味についてわかってくると、上の式が正解であることは間違いなく納得できる事柄になる。私がこの本を読んでくれる皆さんをどこに連れて行きたいかというと、まさにこの「なるほどこうなるの当然だ。こうじゃなくては困るじゃないか！」という「**今度こそ納得**」の境地なのである。「計算したらこうなる」で納得してしまっていたら、この境地に達することはできなかったろう。疑問を持ち続けたことは無意味ではなかった。

[*2] 自分が先生の立場になったおかげで、「一生に一回」というわけにはいかず、何度もやる羽目になった。

こういう経験を重ねていくうちに、こういう素朴な疑問に丁寧に答えてくれるような本がなぜないのだろう、と思った。それがこの本を書いた動機の1つである。

　この本には、これまで私自身が学生時代に疑問だったことや、教える立場になってから学生さんたちから質問された疑問（いわゆるFAQ—Frequently Asked Question）を集めた。そして、できる限りそれに丁寧に答えていくことで、読者が「なぜこうなるのか？」を納得し、自然に理解できるようにと配慮したつもりである。

　読者の皆さんが物理や数学を学ぶ上で素朴な疑問に悩まされた時、本書がその状態から抜け出すためのガイドブックになってくれることを願っている。特に、学生時代の私のように「わかんないよーー」と頭かきむしりながら学術書と格闘している若い人達に少しでも役だってくれれば、これに変わる喜びはない。

著者

目 次
CONTENTS

疑問 ❶ $\dfrac{\mathrm{d}y}{\mathrm{d}x}$ は割り算なのか？ ……… 8

疑問 ❷ 三角関数のたくさんの公式を図で理解できませんか？ ……… 18

疑問 ❸ $\dfrac{\partial r}{\partial x} \neq \dfrac{1}{\frac{\partial x}{\partial r}}$ なのはなぜ？ ……… 28

疑問 ❹ 行列式ってどんな意味があるの？ ……… 35

疑問 ❺ div, rot, grad ってどういう意味？ ……… 44

疑問 ❻ ラプラシアンって何？ ……… 59

疑問 ❼ 極座標ラプラシアン、なぜあんな形に？ ……… 68

疑問 ❽ z と z^* はなぜ「独立」なの？？ ……… 84

目次 CONTENTS

疑問 ❾ 仮想仕事の原理って何？ ……………………… 95

疑問 ❿ 最小作用の原理はどこからくるか？ ………… 103

疑問 ⓫ 温度とエントロピーって
いったいどういう関係？ ……………………… 120

疑問 ⓬ 熱力学の関数 (U, H, F, G) は、
それぞれどこが違うの?! ……………………… 133

疑問 ⓭ アンペールの貫流則の謎 ………………… 145

疑問 ⓮ 静電気の位置エネルギーはどこにある？ …… 155

疑問 ⓯ ベクトルポテンシャルとは何ぞや？ ……… 161

疑問 ⓰ D と E、B と H は何が違う？ ……………… 171

| 疑問 ⓱ | 何がなんでも $E=mc^2$? | 183 |

| 疑問 ⓲ | 光の質量に関する FAQ | 191 |

| 疑問 ⓳ | 双子のパラドックスの解決 | 201 |

終わりに …………………………………… 212
索　引 ……………………………………… 213
本書のサポートページについて ……………………… 215

疑問 1 $\dfrac{\mathrm{d}y}{\mathrm{d}x}$ は割り算なのか？

高校あたりの数学の授業で微分積分を習うと、先生から

> $\dfrac{\mathrm{d}y}{\mathrm{d}x}$ は分数じゃないぞ

ということを必ず言われる。特に

> $\dfrac{\mathrm{d}y}{\mathrm{d}x} = \dfrac{y}{x}$ のように約分したりしては、絶対にいか〜〜ん

と言われるはずだ。もちろんこの「約分」は絶対にしてはいけない。$\dfrac{\mathrm{d}y}{\mathrm{d}x}$ の $\mathrm{d}y$ とか $\mathrm{d}x$ とかは、これで1つの数と考えるべきもので、けっして $\mathrm{d}x = \mathrm{d} \times x$ ではない。これをやってしまうのは、いわば $\dfrac{分子}{分母}$ と書いてある式（？）を $\dfrac{子}{母}$ と約分してしまうようなものだ。$\dfrac{分子}{分母}$ と $\dfrac{子}{母}$ じゃ意味が全然違う（っていうか何のことだおい）[*1]。

というわけで、「$\dfrac{\mathrm{d}y}{\mathrm{d}x}$ は割り算じゃないぞ」と強調されるものだから、素直な「よいこ」たちは、「これは割り算じゃないんだ」と心に刻み込むのである。

[*1] なお、聞いた話では $\dfrac{\sin x}{x} = \sin$ としてしまう人もいるらしい。筆者の個人的体験でもっともすごかったのは、$\dfrac{\mathrm{d}x}{\mathrm{d}t}$ を x で微分して $\dfrac{\mathrm{d}}{\mathrm{d}t}$ にした学生さんだろう。「この後どうすればいいんですか？」と質問されて困った。

👆 ところが勉強が進むと

疑問 ❶

例えば

$$\frac{dy}{dx} = x$$

なんていう「微分方程式」なるものを解きましょう、と言って、いきなり

$$\frac{dy}{dx} = x$$
$$dy = x dx$$

(分母を払って)

なんていう「変形」を先生が黒板に書き始めるのである。

> 分数じゃないのになんで分母が払えるの!!

と「よいこ」たちはパニックに陥る。そして下手すると

> 微分方程式というのは、ぼく(わたし)にはわからない、魔法のような計算なのだ

と意気消沈してしまい、微分方程式に対する学習意欲まで失ってしまうことになる。これは、とても不幸なことだと思う。

👍 パニックになる気持ちはわかるけど

こんなふうになってしまうのは「$\dfrac{dy}{dx}$ は分数じゃない」という先生の言葉を（なぜ分数じゃないのかという）本質の部分を忘れて、まるでなにか1つのルールであるかのごとく受け取ってしまっているからなのだ。もちろん、ルールはルールなのだが、法律に制定理由があるように、数学上のルールにも理由がある。「なぜこんなルールがあるのか？」という点を理解することが大事なのである。ルールがある理由を理解していれば、この「分母を払う」という計算が実は何をやっているのかも理解できる。そうしていれば、この状況でパニックに陥ったりすることもなかったはずだ。

そして、何よりも大事なことはそもそもの微分の意味に立ち返って考えれば、「$\dfrac{dy}{dx}$ を分数と考えることはそれほど間違ってはいない」のである。

👍 微分って、そもそも何だっけ？

というわけでこの項ではそもそもの記号の意味を見直すことで、このパニックから立ち直ることにしよう。

まず微分の定義に戻ろう。微分は図1.1のようなグラフの $\dfrac{縦軸の変化}{横軸の変化}$ すなわち、$\dfrac{y(x+\Delta x) - y(x)}{\Delta x}$ を計算して、この Δx を限りなく0に近づけていったものである。式で書くと、

$$\frac{d}{dx}y(x) = \lim_{\Delta x \to 0} \frac{\Delta y}{\Delta x} = \lim_{\Delta x \to 0} \frac{y(x+\Delta x) - y(x)}{\Delta x}$$

$y(x+\Delta x)$
$y(x+\Delta x) - y(x)$
$y(x)$
Δx
$x \quad x+\Delta x$

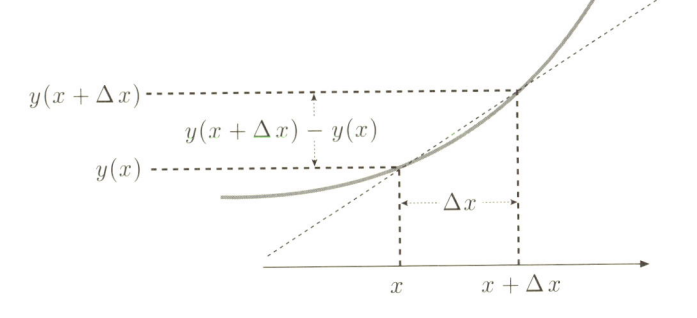

図 1.1　微分とは「縦軸の変化÷横軸の変化」

となる。この「$\Delta x \to 0$」の考え方がちょっと難しい（これが微分という物をややこしくしている主原因だろう）。グラフで「Δx を 0 に近づける」というのを表現したのが**図 1.2**である。

つまり微分というのは、$\dfrac{\Delta y}{\Delta x}$ という意味で割り算には違いないのだが、単に割り算するだけではなく、「分母と分子が 0 になってしまうような極限を取るんだよ」という約束を含めた、$\displaystyle\lim_{\substack{\Delta x \to 0 \\ \Delta y \to 0}} \dfrac{\Delta y}{\Delta x}$ という計算（しかも、Δx と Δy は無関係ではなく、グラフで表したような関係を保ったまま極限を取る）なのである。したがって $\dfrac{\mathrm{d}y}{\mathrm{d}x} = x$ という式を見たら、「左辺の $\mathrm{d}y$ と $\mathrm{d}x$ は 0 になる極限を取っているのだ」ということ、つまり「$\mathrm{d}y$ も $\mathrm{d}x$ もとても小さくなっていく量なのだ」ということを感じなくてはいけない。

傾きも、
こう変化する。

Δx が0になるとしたら、
その時の傾きはこんな
感じだろう。

x

Δxを半分にしてみると…

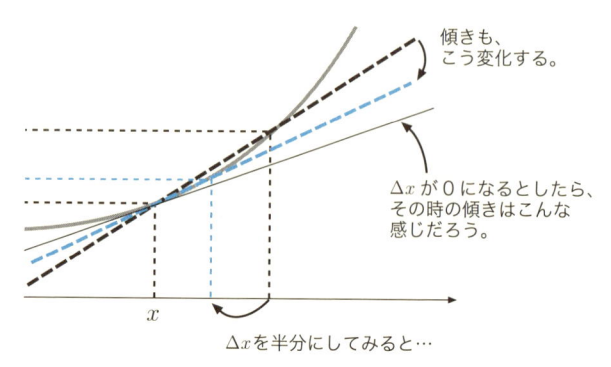

図1.2　Δxを0に近づけた時の「縦軸の変化÷横軸の変化」

0どうしの比を取るなんて、そんな計算があってたまるか！

と思う人もいるかもしれない。実際、ニュートンやライプニッツが微分を「発明」した時代には、多くの人が「0÷0を計算している」という理由で「微分なんて計算は嘘っぱちだ」と思ったそうである[*2]。だが、この記号 dy や dx はあくまで「値そのものではなく、その2つの間の関係に意味がある」という量であることを忘れてはならない。

実際、極限の考え方は苦手な人が多くて、なかなか納得できないこともあるかもしれない。そこで、（数学的厳密さは犠牲にするのだけれど）、「こんなふうに考えると、少しは『0÷0 を計算している』という罪悪感から救われるかもしれない」という考え方を紹介しておこう。注意しておくが、あくまで「数学的厳密さは犠牲にした考

---

*2　これは、当時「極限を取る」という計算の意味がよくわかってなかったせいであるが、当時の「えらい人たち」も悩んだのだ。あなたも安心して悩んでいい。

え方」なので、数学的に納得したい人はちゃんと数学の本と格闘しよう。

「Δxを0にする」と考えるのではなく、「グラフを拡大する」と考える

「小さくしていく」という極限の考え方が苦手な人は、次の図のように、今考えているグラフを拡大鏡でどんどん拡大していくところを思い浮かべてもよい。次のグラフは$y = x^2$のグラフだが、256倍に拡大しただけでほぼ、直線と区別がつかない。そのような、「もはや直線的な変化をしているとしか見えなくなっている状態」で$\frac{縦軸の変化}{横軸の変化}$を計算すると考えよう。$\frac{dy}{dx} = x$という式は、「グラフを十分拡大して、直線に見えるようになった時の$\frac{\Delta y}{\Delta x}$の値が$x$になるんだな」と考えればよい。

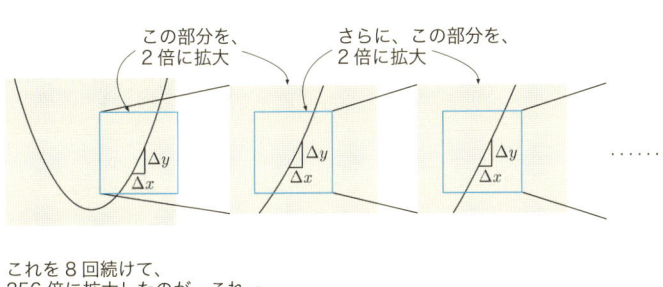

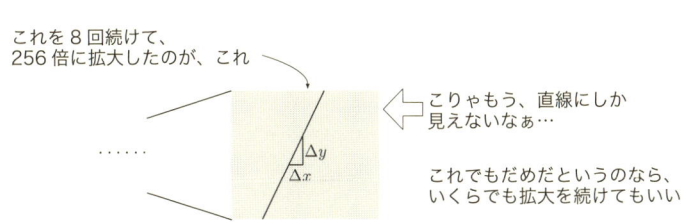

この部分を、2倍に拡大

さらに、この部分を、2倍に拡大

……

これを8回続けて、256倍に拡大したのが、これ

こりゃもう、直線にしか見えないなぁ…

これでもだめだというのなら、いくらでも拡大を続けてもいい

疑問 ❶ $\frac{dy}{dx}$は割り算なのか？

ここで大事なことは、dyやdxはその「値」には重要な意味はない、ということだ。そもそもdyやdxの「値」は0なのだから、値そのものに意味なんかあるわけがない。大事なのは、dyとdxの比である（$\dfrac{dy}{dx}=x$ の場合、dyはdxのx倍なのだ）。「グラフを拡大して直線になった時の傾きを考える」という考え方で、「なるほど、dyとdxには関係があるのだな。その関係を知ることが大事なのだな」と感じてほしい。

　「拡大しても拡大してもまだ直線にならないような関数が出てきたらどうするんですか!?」と心配する人もいるかもしれない。例えば $y=|x|$ という関数の $x=0$ 付近などがこれに相当する。そういう関数は「微分不可能な関数です」ということであっさりギブアップすることにする（できないものはできないと素直に言おう、それが正しい科学者の態度だ）。

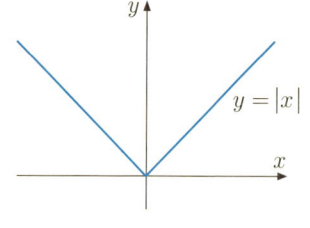

👉 (dx, dy) は大きさ抜きで向きだけを表現すると考える

　もう1つ、「$0 \div 0$」という考え方を避けて微分の意味を説明してみよう。次の図のように、曲線グラフに接線を描く。

> この三角形には意味がある。
> しかし、大きさには意味がない！
>
> $\mathrm{d}y$
> $\mathrm{d}x$

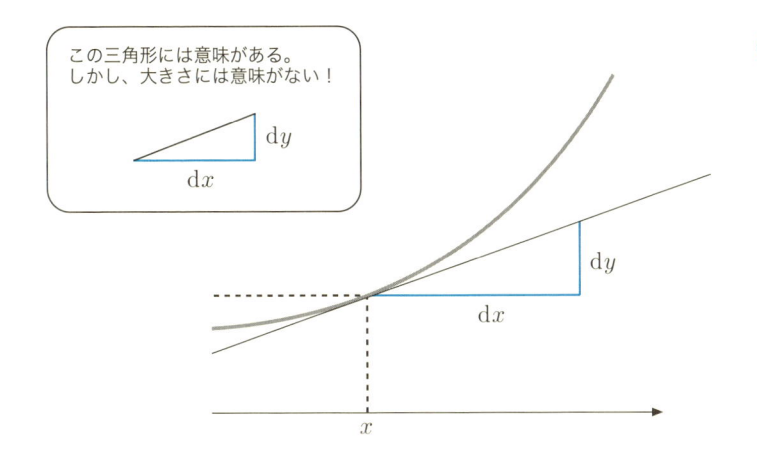

$\mathrm{d}y$や$\mathrm{d}x$は、このグラフの接線の向きを表現したもので、接線の傾きである$\dfrac{\mathrm{d}y}{\mathrm{d}x}$には意味がある。また、$\mathrm{d}y$が、$\mathrm{d}x$の何倍になっているかということには意味がある。しかし、$\mathrm{d}y$や$\mathrm{d}x$そのものには意味がないのである。つまり、$\mathrm{d}y, \mathrm{d}x$はグラフを描いた(x, y)平面における「向き」を表現する量なのである。「スカラーは大きさを表す。ベクトルは大きさと向きを表す」と習ったことがあると思う。$(\mathrm{d}x, \mathrm{d}y)$は「大きさ」なしで、「向き」だけを表現している量なのである。接線の傾きを表現するには、$\mathrm{d}x$と$\mathrm{d}y$の大きさは不要だ。比だけを知ればよい。

当然だが、「$\mathrm{d}y = 1$」だとか、「$\mathrm{d}x = x$」なんていう式は言語道断である。「極限でしか通用しない、値という意味がない量」である$\mathrm{d}y$（または$\mathrm{d}x$）と、値としてちゃんと意味のある量である1（またはx）が等号で結ばれたりはしない。

👍 分数ではないが、分母を払っていい

こう考えていくと、先生が「分数じゃない」と教えてくれた理由は、

> $\dfrac{\mathrm{d}y}{\mathrm{d}x}$ 中には、極限を取ったりするという（かなり面倒な概念の）計算が含まれていることを忘れてもらっては困る

ということだったのだな、ということがわかるだろう。上で述べたことをまとめると、

> $\mathrm{d}x, \mathrm{d}y$ を使って計算する時、大事なのは「$\mathrm{d}x$ と $\mathrm{d}y$ の比」だけだ

ということなのである。

こう考えてくると、

$$\frac{\mathrm{d}y}{\mathrm{d}x} = x \quad \rightarrow \quad \mathrm{d}y = x\mathrm{d}x$$

という変形もおかしなことをやっているようには見えないはずだ。どっちの式も本当に言いたいことは「$\mathrm{d}y$ と $\mathrm{d}x$ の比は x だ」ということなのである。つまり、「$\mathrm{d}x$ と $\mathrm{d}y$ の間にどういう関係があるか」を表現する方法として2つの方法を採っているというだけのことなのである。

「$\mathrm{d}x$ と $\mathrm{d}y$ の比を計算したいのだ（ただしこの2つの量はどちらも0になる極限を取るのだ）」ということを忘れない限り、

$$\frac{\mathrm{d}y}{\mathrm{d}x} = x \quad \to \quad \mathrm{d}y = x\mathrm{d}x$$

という計算をやっても何も悪いことはない。そのことが納得できたら、安心してこの計算法を使おう。実際、この考え方はとても便利だ。

例えば「yはgの関数であり($y = f(g)$)、gはxの関数である」という状況(つまり$y = f(g(x))$)で「fをxで微分しろ」と言われたら、

$$\frac{\mathrm{d}}{\mathrm{d}x} f\left(g(x)\right) = \frac{\mathrm{d}f}{\mathrm{d}g}\frac{\mathrm{d}g}{\mathrm{d}x}$$

という計算を行うが、この式の右辺→左辺は、まさに分数であるかのように「$\mathrm{d}g$を約分する」という計算をしている。

こんな約分ができるということも、$\frac{\mathrm{d}f}{\mathrm{d}g}$が「$\mathrm{d}f$と$\mathrm{d}g$の比」という意味を、$\frac{\mathrm{d}g}{\mathrm{d}x}$が「$\mathrm{d}g$と$\mathrm{d}x$の比」という意味を持っていると考えれば納得できると思う。

同様に、逆関数の微分が逆数になること、すなわち、

$$\frac{\mathrm{d}x}{\mathrm{d}y} = \frac{1}{\frac{\mathrm{d}y}{\mathrm{d}x}}$$

もすっきりと理解できるはずである[*3]。

---

*3 ただし、当然のことながら逆関数がちゃんと定義できる時に限る。例えば$\mathrm{d}y = 0$になるような状況ではこの計算は無意味になるし、xとyが1対1対応しない時には注意が必要である。

疑問 ❷ 三角関数のたくさんの公式を図で理解できませんか？

三角関数に関する公式はたくさんある。「こんなにたくさん覚えていられるかぁ！」と思うこともあるし、「どこから出てきたんだこの公式？」と不思議に思ってしまうこともよくある。

ここでは三角関数に関する数々の公式を、できる限り図解していこう。

まずは加法定理

$$\cos(\alpha+\beta) = \cos\alpha\cos\beta - \sin\alpha\sin\beta$$
$$\sin(\alpha+\beta) = \cos\alpha\sin\beta + \sin\alpha\cos\beta$$

である。

> この式を図で証明してください

と言うと「え、そんなことできるんですか？」という反応が返ってくることがなぜか多い。数式や行列を使った証明が幅をきかせているせいと、そもそも証明を振り返って考えることがあまりないというのが理由なのだろうが、図で求めることも、もちろんできる。

次の図を見よう。角度 β を含む、斜辺が1の直角三角形ABCを用意し、それを角度 α だけ回してみた（とりあえず、α, β は鋭角だということにして考える）。計算すべき $\cos(\alpha+\beta)$ と $\sin(\alpha+\beta)$ は、倒した後の斜辺（長さは1）の水平方向、鉛直方向への射影である（図

では色付きで表した)。

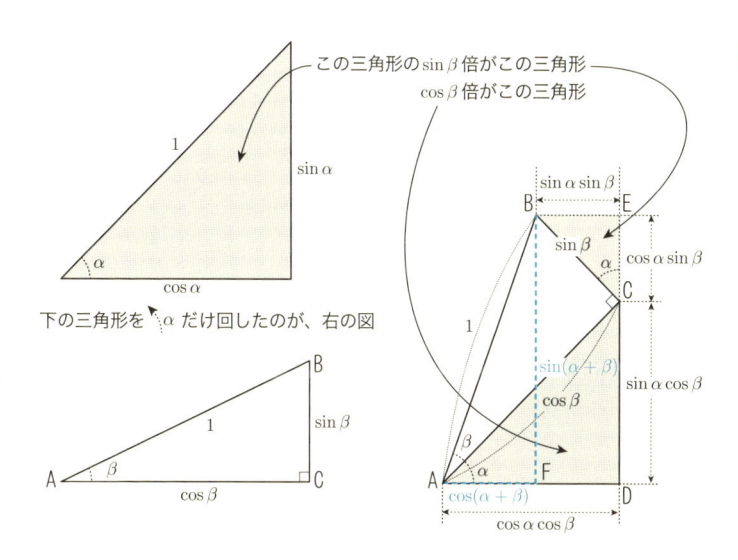

この三角形の $\sin\beta$ 倍がこの三角形
$\cos\beta$ 倍がこの三角形

下の三角形を α だけ回したのが、右の図

図を見ると、AFすなわち $\cos(\alpha+\beta)$ は AC ($\cos\beta$) の射影である AD ($\cos\alpha\cos\beta$) から、BC ($\sin\beta$) の射影である FD ($\sin\alpha\sin\beta$) を引いたものであることがわかる。

同様に、BFすなわち $\sin(\alpha+\beta)$ は AC ($\cos\beta$) の射影である DC ($\sin\alpha\cos\beta$) と、BC ($\sin\beta$) の射影である EC ($\cos\alpha\sin\beta$) の和である。

と、このように考えると、加法定理の式がちゃんと出てくる。

なお、∠BCE が α になることは回す前の鉛直方向であるBCと、回した後の鉛直方向であるECの作る角

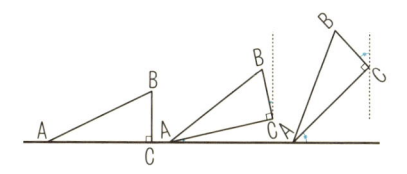

度である、と考えればすぐにわかる(証明問題のようにどれとどれを足したら90°で、という計算をしてもいいが、直感的にはこれで十分)。

次に、三角関数の微分を図で表現してみよう。考え方は加法定理の場合と同じで、まず角度 θ の場合の $\cos\theta$, $\sin\theta$ を考えて、角度を $\theta \to \theta + d\theta$ と大きくしてみる。

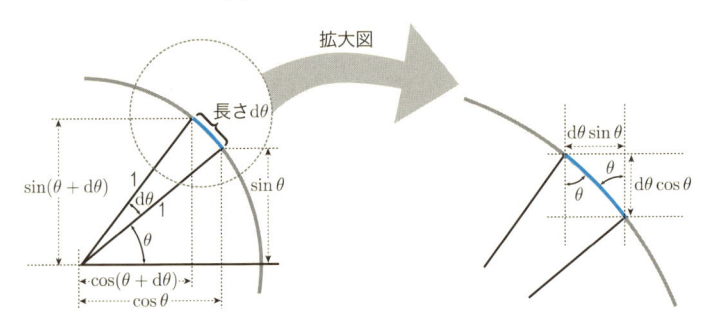

青い線で描いた弧の部分は長さが $d\theta$ になる(そもそも、ラジアンという角度はこのように定義したものだ)。この弧は、長さが微小な $d\theta$ なので直線と見なしていい。あるいは、疑問❶でも述べたように、どんどんこの図を拡大していけば、円弧が直線になっていくと考えてもいい。

拡大図で青い線と垂直との角度が θ になるのは、加法定理の時と同じように考える。つまり、「$\theta = 0$ の時、この青い線は垂直に立っている。角度 θ 回したので、今は鉛直との角度が θ になる」とするわけである。

こうして拡大図に書き込んだ $d\theta\cos\theta$ と $d\theta\sin\theta$ が、それぞれ $\sin\theta$ の増加と $\cos\theta$ の減少であるから、

$$\sin(\theta + \mathrm{d}\theta) = \sin\theta + \mathrm{d}\theta \cos\theta$$
$$\cos(\theta + \mathrm{d}\theta) = \cos\theta - \mathrm{d}\theta \sin\theta$$

がわかる。これは、

$$\frac{\mathrm{d}}{\mathrm{d}\theta}\sin\theta = \cos\theta, \quad \frac{\mathrm{d}}{\mathrm{d}\theta}\cos\theta = -\sin\theta$$

ということである。

次に、$\tan\theta$ の微分である。答は $\dfrac{1}{\cos^2\theta}$ になる。これは微分の公式を使えばもちろん計算できるのだが、次のように図を書いて理解することもできる。

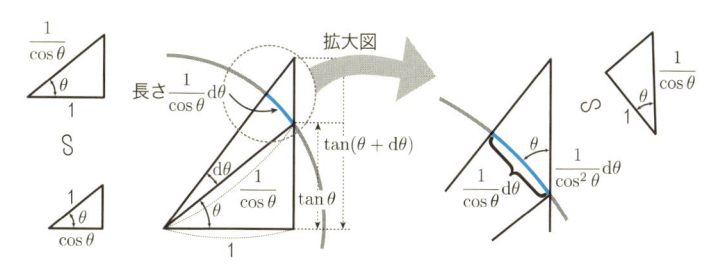

今度は、**斜辺**が1ではなく $\dfrac{1}{\cos\theta}$ であることが大事である。ゆえに、今度は**青い弧**の部分は$\mathrm{d}\theta$ではなく、$\dfrac{1}{\cos\theta}\mathrm{d}\theta$ である。$\tan\theta$ の増加は、この三角形の高さの増加であるから、さらに $\dfrac{1}{\cos\theta}$ がかかる(拡大図参照)。よって、

$$\tan(\theta + \mathrm{d}\theta) = \tan\theta + \frac{1}{\cos^2\theta}\mathrm{d}\theta \quad \text{ゆえに、} \quad \frac{\mathrm{d}}{\mathrm{d}\theta}\tan\theta = \frac{1}{\cos^2\theta}$$

とわかる。この式も微分の公式を使って導くことができる[*1]。

---

*1 図形で導出と数式による導出と、どっちがわかりやすいかは人によるようである。両方を理解しておいて、どちらか得意な方で出せるようにしておくのがいいだろう。

さて、話は変わるが、たくさんある三角関数の公式のなかで一番覚えにくくて困るのが、

$$\cos\alpha + \cos\beta = 2\cos\frac{\alpha+\beta}{2}\cos\frac{\alpha-\beta}{2}$$

$$\cos\alpha - \cos\beta = -2\sin\frac{\alpha+\beta}{2}\sin\frac{\alpha-\beta}{2}$$

$$\sin\alpha + \sin\beta = 2\sin\frac{\alpha+\beta}{2}\cos\frac{\alpha-\beta}{2}$$

$$\sin\alpha - \sin\beta = 2\cos\frac{\alpha+\beta}{2}\sin\frac{\alpha-\beta}{2}$$

という一連の三角関数の和と差の公式（和を積に直すので「和積の公式」と呼ばれている）だろう。これらの証明は、たいていの本には加法定理から出す方法が書いてある。しかし、これも図で表現することができる。

以下では、$\sin\alpha + \sin\beta$ と、$\cos\beta - \cos\alpha$ を図で考える方法を示そう。ただし、α, β がどちらも鋭角である場合で考えることにする。そうでない場合、まず

$$\cos(\pi + \theta) = -\cos\theta,\ \sin(\pi + \theta) = -\sin\theta$$

を使えば、必ず角度は $0 \leq \theta < \pi$ の範囲に収めることができるし、

$$\cos(\pi - \theta) = -\cos\theta,\ \sin(\pi - \theta) = \sin\theta$$

を使えば $0 \leq \theta \leq \frac{\pi}{2}$ の範囲に収めることができる。

まず、$\sin\alpha + \sin\beta$ をどう考えればいいだろうか？

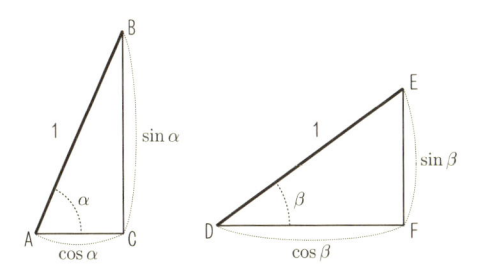

疑問 ❷ 三角関数のたくさんの公式を図で理解できませんか？

$\sin\alpha, \sin\beta$ および $\cos\alpha, \cos\beta$ の意味は上の図の通りである。これらを組み合わせて $\sin\alpha + \sin\beta$ を作ってみる。例えば、次の図のように組み合わせることで、$\sin\alpha + \sin\beta$ が図の上の部分のEGに現れる。

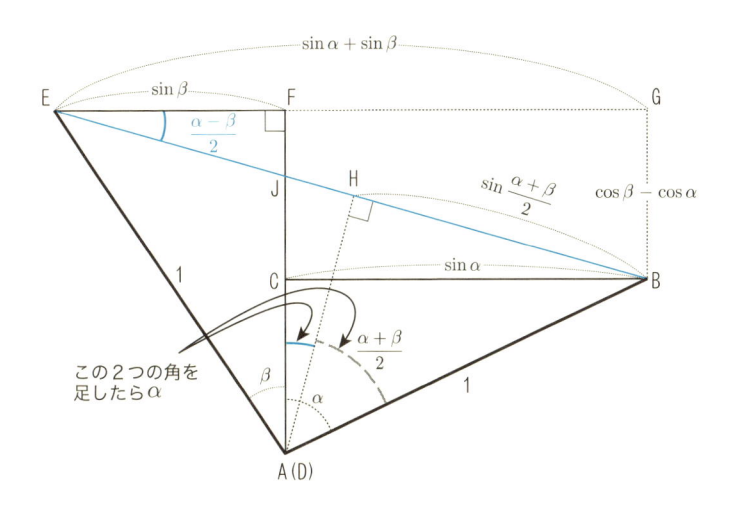

この図の三角形ABE は二等辺三角形であり、その頂角が $\alpha+\beta$ である。二等辺三角形は頂角を二等分する線によって合同な直角三角形2つに分かれる。よってBEの中点をHとすると、三角形ABHは直角三角形で、底辺BHの長さは $\sin\dfrac{\alpha+\beta}{2}$ となる。ゆえにBEは $2\sin\dfrac{\alpha+\beta}{2}$ である。

　次に、図に「この2つの角を足したらα」と書いてある2つの角を見てほしい。このうち1つは $\dfrac{\alpha+\beta}{2}$ なのだから、もう1つ(∠JAH)は $\dfrac{\alpha-\beta}{2}$ である。そしてこの角度は∠FEJに等しい(図ではこの角度を青い円弧で示した)。なぜなら三角形JAHと三角形JEFが相似だからである。

　こうして、∠FEJが $\dfrac{\alpha-\beta}{2}$ とわかったので、求めたかった $\sin\alpha+\sin\beta$ に対応するEGは、EBすなわち $2\sin\dfrac{\alpha+\beta}{2}$ に $\cos\dfrac{\alpha-\beta}{2}$ をかけたものとなる。こうして、

$$\sin\alpha+\sin\beta = 2\sin\dfrac{\alpha+\beta}{2}\cos\dfrac{\alpha-\beta}{2}$$

ということがわかった。

　この図は

$$\cos\alpha-\cos\beta = -2\sin\dfrac{\alpha+\beta}{2}\sin\dfrac{\alpha-\beta}{2}$$

を求めるのにも使える。$\cos\beta-\cos\alpha$は図の右側のGBの長さだからである。変わったところは、$\sin\alpha+\sin\beta$ では cos だった最後の式が sin になっただけの違いである。

　$\cos\alpha+\cos\beta$は、次のような図を描けば、やはり出てくる。

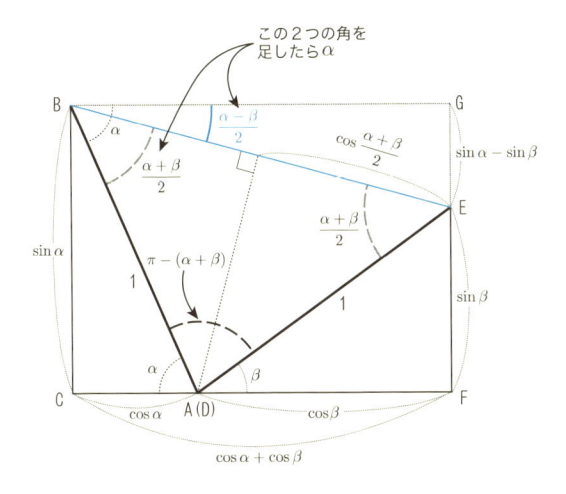

さっきよりは少しだけ、角度の計算が面倒かもしれない。三角形ABEが二等辺三角形であることと、頂角が $\pi-(\alpha+\beta)$ であることから、底辺の両側の角度が $\dfrac{\alpha+\beta}{2}$ になる（よって底辺の長さは $2\cos\dfrac{\alpha+\beta}{2}$ となる）ことと、底辺の水平からの傾きが $\dfrac{\beta-\alpha}{2}$ であることがわかれば、すぐに

$$\cos\alpha + \cos\beta = 2\cos\frac{\alpha+\beta}{2}\cos\frac{\alpha-\beta}{2}$$

が出てくる。なお、この図は

$$\sin\alpha - \sin\beta = 2\cos\frac{\alpha+\beta}{2}\sin\frac{\alpha-\beta}{2}$$

を求めるのにも使える。

もう1つ、$\cos\alpha - \cos\beta$ と $\sin\beta - \sin\alpha$ を求めることができる図を紹介しておこう。2つの三角形を下の図のように重ねる。

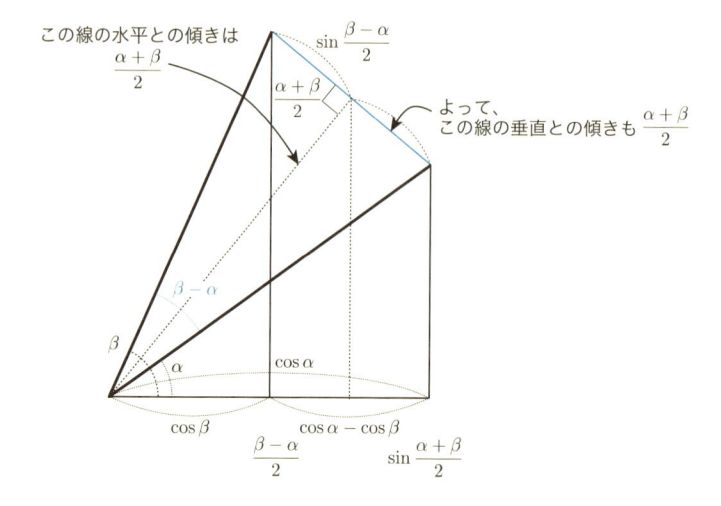

こうして重ねると、**青で書いた部分**の角度は $\beta-\alpha$ となる。そしてこの角度を頂角とした二等辺三角形ができる。等辺三角形の底辺である**青い直線**の部分の長さは $2\sin\dfrac{\beta-\alpha}{2}$ である。

次の図に、$\beta-\alpha$ が変化した場合の**青い線**の部分の変化を描いた。

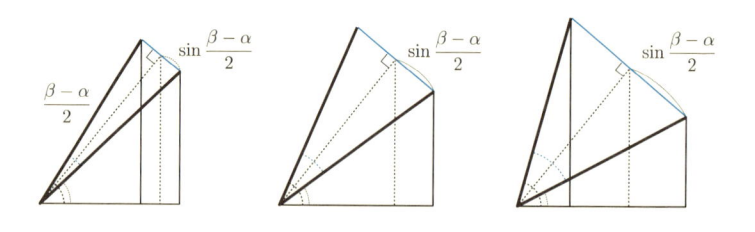

$\cos\alpha - \cos\beta$ は、この**青い線**の水平方向への射影で得られる。**青い線**の鉛直との傾きは、α と β のど真ん中、つまり $\dfrac{\alpha+\beta}{2}$ になっていることに注意しよう。

$\cos\alpha - \cos\beta$ に $\sin\dfrac{\alpha+\beta}{2}$ が現れ、

$\sin\beta - \sin\alpha$ に $\cos\dfrac{\alpha+\beta}{2}$ が現れる理由

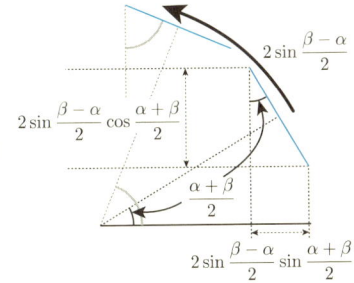

こうして、

$$\cos\alpha - \cos\beta = 2\sin\frac{\beta-\alpha}{2}\sin\frac{\alpha+\beta}{2}$$

という公式が得られた。また、最後に水平成分でなく鉛直成分を取れば、

$$\sin\beta - \sin\alpha = 2\sin\frac{\beta-\alpha}{2}\cos\frac{\alpha+\beta}{2}$$

という式も出てくる。

　三角関数はそもそも三角形という図形の辺の比がその起源であるから、三角関数の間のたくさんの公式も、図で理解していくことができるようになっているのである。図を書いて「どうして $\dfrac{\alpha+\beta}{2}$ だの $\dfrac{\beta-\alpha}{2}$ という角度が出てくるのか？」ということを理解しておくのも無駄ではないと思う。

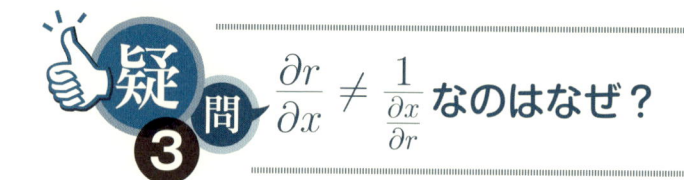

疑問 ③ $\dfrac{\partial r}{\partial x} \neq \dfrac{1}{\frac{\partial x}{\partial r}}$ なのはなぜ？

偏微分というのはやっかいだ。常微分とは全く違う式を使わなくてはいけないことがある。その中でも多くの人がひっかかってしまうのが、常微分では成立する「逆関数の微分は元の関数の微分の逆数である」$\left(\dfrac{\mathrm{d}x}{\mathrm{d}y} = \dfrac{1}{\frac{\mathrm{d}y}{\mathrm{d}x}}\right)$が、偏微分の場合には成立しないことである[*1]。

例に出した $\dfrac{\partial r}{\partial x}$ は極座標と直交座標の変換の時に出てくる。例えば、右図のような2次元極座標ならば、$\dfrac{\partial x}{\partial r} = \cos\theta$ なのはすぐにわかる ($x = r\cos\theta$ だから)。一方、$\dfrac{\partial r}{\partial x}$ を計算するには、まず $r = \sqrt{x^2 + y^2}$ と書けることを思い出して、

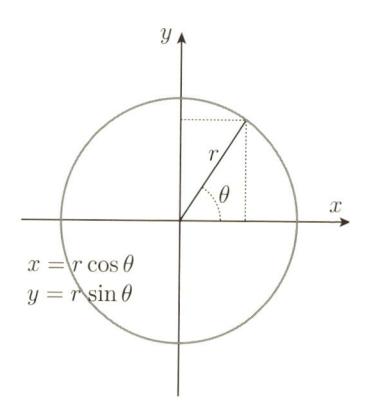

$$\frac{\partial}{\partial x}\sqrt{x^2+y^2} = \frac{1}{2}\frac{2x}{\sqrt{x^2+y^2}} = \frac{x}{\sqrt{x^2+y^2}}$$

と計算すればよいのだが、$\sqrt{x^2+y^2} = r$ で $x = r\cos\theta$ なのだから、この最後の式は $\dfrac{r\cos\theta}{r} = \cos\theta$ となる。つまり、この場合、

$$\frac{\partial x}{\partial r} = \frac{\partial r}{\partial x}$$

$x = r\cos\theta$
$y = r\sin\theta$

[*1] なぜ「逆関数の微分は元の関数の微分の逆数」なのか？？ —即答できない、という人は疑問❶を読み直そう。

なのだ！

　もちろん、この計算は間違っていない。これでいいのだ。

　では、どうして偏微分では（常微分では大丈夫だった）「逆関数の微分は元の関数の微分の逆数」という関係が成立しないのであろうか？？

疑問❸ $\frac{\partial r}{\partial x} \neq \frac{1}{\frac{\partial x}{\partial r}}$ なのはなぜ？

　常微分と偏微分の違いは、変数が1変数か多変数かということである。偏微分は変数がたくさんあってその中の1つで微分する。つまり偏微分には「方向」があるのである。

　2次元の直交座標 x, y と、極座標 r, θ の2通りの場合で、「微分に方向がある」という意味を考えていこう。直交座標 x, y を座標として採用している場合、「x で偏微分する」という時、実は暗黙のうちに「y を一定として」ということが仮定されている（x で微分する時は y がまるで定数であるかのごとく扱ってよい）。

　「暗黙のうちに」ではなく「明確に」y を一定としていることを示すには、$\left.\frac{\partial}{\partial x} f(x, y)\right|_y$ のように、$\big|_y$ という記号で表現する（これを省略している場合が多い）。

$$\left.\frac{\partial}{\partial x} f(x, y)\right|_y = \lim_{\Delta x \to 0} \frac{f(x+\Delta x, y) - f(x, y)}{\Delta x}$$

微分という演算は、この矢印の先から根元を引くことに対応する

$f(x, y)$ ⊖ ──────→ ⊕ $f(x+\Delta x, y)$

Δx

x　　　$x+\Delta x$

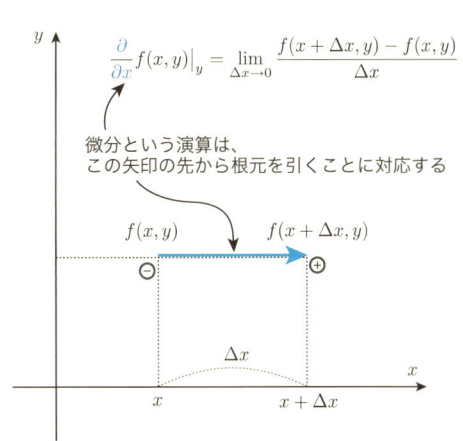

微分とは「変数を変化させた時の関数の変化を知る」という操作である。さらに微分の定義にまで戻って書けば、上の図のようになる。

では、「xを一定にしてyで偏微分する」という場合はどうかというと、右の図のようになる。図で見るとわかるように、$\dfrac{\partial}{\partial x}$は「$x$方向(図の横方向)の変化」を計算するもので$\dfrac{\partial}{\partial y}$は「$y$方向(図の縦方向)の変化」を計算するものなのである。

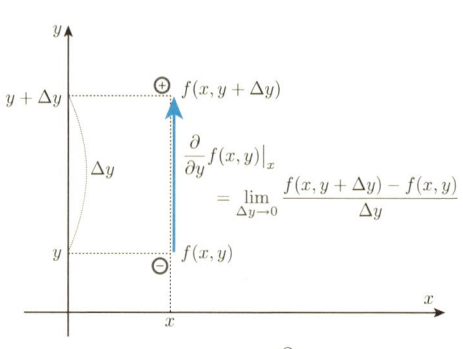

$$\left.\dfrac{\partial}{\partial y}f(x,y)\right|_x = \lim_{\Delta y \to 0} \dfrac{f(x, y+\Delta y) - f(x,y)}{\Delta y}$$

ということがわかれば、$\dfrac{\partial}{\partial r}$は$r$方向の変化($\theta$は一定)、

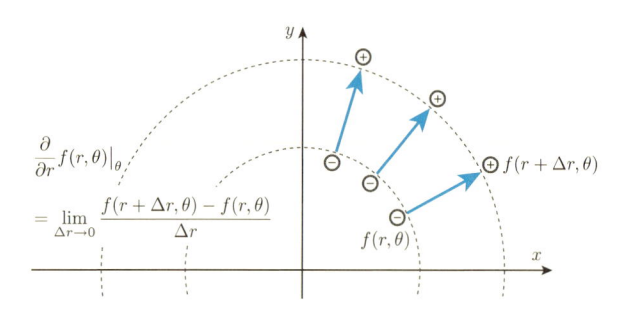

$$\left.\dfrac{\partial}{\partial r}f(r,\theta)\right|_\theta = \lim_{\Delta r \to 0} \dfrac{f(r+\Delta r, \theta) - f(r,\theta)}{\Delta r}$$

$\dfrac{\partial}{\partial \theta}$は$\theta$方向の変化($r$は一定)

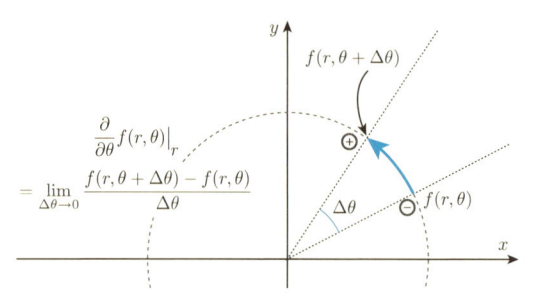

$$\left.\dfrac{\partial}{\partial \theta}f(r,\theta)\right|_r = \lim_{\Delta \theta \to 0} \dfrac{f(r, \theta+\Delta \theta) - f(r,\theta)}{\Delta \theta}$$

ということになる。

　以上をまとめてみると、これら4つの偏微分を、次の図の矢印のように表すことができるだろう。

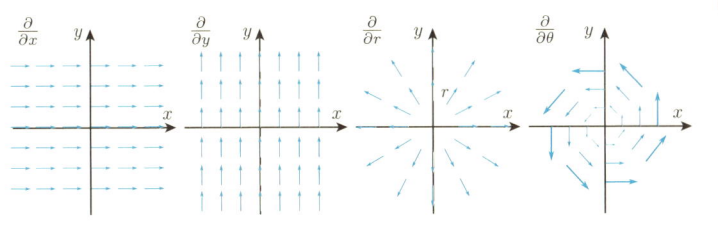

$\frac{\partial}{\partial x}$　　$\frac{\partial}{\partial y}$　　$\frac{\partial}{\partial r}$　　$\frac{\partial}{\partial \theta}$

　ここで、上の図を見て

> どうして $\frac{\partial}{\partial \theta}$ だけ、矢印の長さが場所によって違うのか？

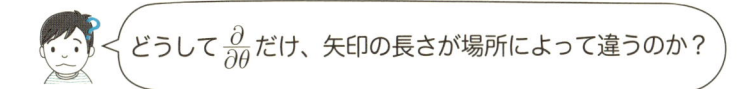

という疑問を抱く人がいるかもしれない。$\frac{\partial}{\partial \theta}$ という微分は「θ を少し動かした時の変化の割合」を計算するものだが、θ を一定量動かした時の移動は半径 r が大きいほど大きい。x, y, r は素直に「長さ」を表現しているが、θ だけはそうではなく、$r\theta$ とかけ算されて初めて長さを表現するものになる。

　だからこそ、後述の $\vec{\nabla}$ の中に θ 微分が出てくる時に、$\frac{1}{r}\frac{\partial}{\partial \theta}$ のように r で割られることになる。こうすることで、図の矢印の「長さ」が揃うのである。

　ここで最初の問題に戻って、$\frac{\partial x}{\partial r}$ と $\frac{\partial r}{\partial x}$ を考えよう。この2つはどちらも同じ答え $\cos\theta$ を出す。なぜなのかは、次の図を見ていただければわかるだろう。

図中のテキスト：

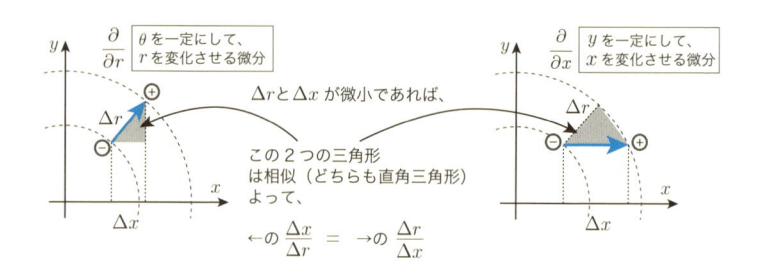

左図：
$\frac{\partial}{\partial r}$ 「θ を一定にして、r を変化させる微分」
Δr
Δx

右図：
$\frac{\partial}{\partial x}$ 「y を一定にして、x を変化させる微分」
Δr
Δx

中央：
Δr と Δx が微小であれば、この 2 つの三角形は相似（どちらも直角三角形）よって、

$$←の \frac{\Delta x}{\Delta r} = →の \frac{\Delta r}{\Delta x}$$

本質的に大事なことは「$\frac{\partial}{\partial x}$ は、y を一定として x を変化させる方向の微分」であり「$\frac{\partial}{\partial r}$ は θ を一定として r を変化させる方向の微分」だということである。「偏微分には方向がある」ということを、決して忘れてはいけない。

$\frac{\partial x}{\partial y}\frac{\partial y}{\partial z}\frac{\partial z}{\partial x} = -1$ はなぜ？

さて、ついでなので、もう 1 つ偏微分でよくある疑問である

> どうして $\frac{\partial x}{\partial y}\frac{\partial y}{\partial z}\frac{\partial z}{\partial x}$ は 1 ではなく -1 なのか？

にも答えておこう。これはもちろん厳密に書くと、

$$\left.\frac{\partial x}{\partial y}\right|_z \left.\frac{\partial y}{\partial z}\right|_x \left.\frac{\partial z}{\partial x}\right|_y = -1 \tag{3.1}$$

である。つまり、

「zを一定にしてyを変化させた時のxの変化の割合」

「xを一定にしてzを変化させた時のyの変化の割合」

「yを一定にしてxを変化させた時のzの変化の割合」

という3つの量のかけ算である。これを図で表現すると次の通り。

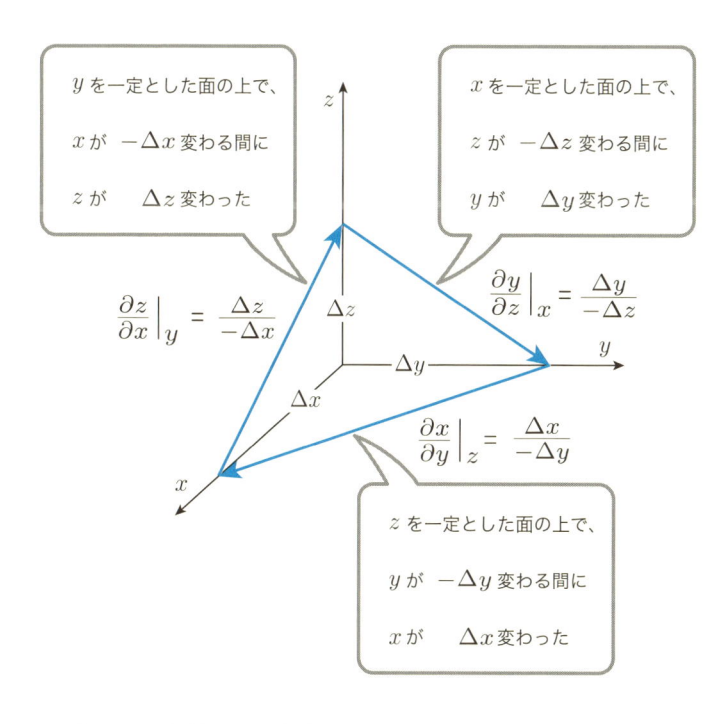

yを一定とした面の上で、xが $-\Delta x$ 変わる間に z が Δz 変わった

xを一定とした面の上で、z が $-\Delta z$ 変わる間に y が Δy 変わった

$$\left.\frac{\partial z}{\partial x}\right|_y = \frac{\Delta z}{-\Delta x}$$

$$\left.\frac{\partial y}{\partial z}\right|_x = \frac{\Delta y}{-\Delta z}$$

$$\left.\frac{\partial x}{\partial y}\right|_z = \frac{\Delta x}{-\Delta y}$$

z を一定とした面の上で、y が $-\Delta y$ 変わる間に x が Δx 変わった

こうして図を見ると、今考えている3つの微分は図に書いた三角形を成す変化の各辺に対応していることがわかる。1つの微分は2つの微小変化の比であるから、3つの微分は6つの微小変化からなる。$\frac{\partial x}{\partial y}\frac{\partial y}{\partial z}\frac{\partial z}{\partial x}$ の中には、x, y, z のそれぞれの変化量に対応する $\partial x, \partial y, \partial z$ が3種類×2で6個ある。

これらが分母と分子に1回ずつ現れるから、約分されると考えると答は1になりそうである。しかしここで、変化量の符号を考えなくてはいけない。

　図でわかるように、この微小変化は増える場合と減る場合が同じ数だけある（でないと元に戻ってこないのだ！）。

　6つの微小変化があって、そのうち3つが正、3つが負。3つが正で3つが負のものをかけたり割ったりするわけだから、答えは負になるに決まっている。

　図に例として書いたものの場合、6つの微小変化のうち、分母にくる3つは負、分子にくる3つは正になる。そしてかけ算の結果は-1である。

　ここでも「偏微分には方向がある」ということと、今の場合その3つの矢印が三角形を成して閉じていることが重要なのである。

疑問 4　行列式ってどんな意味があるの？

　線型代数の勉強をしている学生さんからよく受ける質問である。線型代数の本などを見ると、行列式の導入のところで何の説明もなく「以下のように行列式を定義する」と一言で終わっている本が多く（それはそれで数学の本として正しい姿勢なのだろうけど）、これでは「いったい何を計算しようとしているのか？」という点がわからなくなっても当然だなぁ、と思ってしまう。

　そこでここでは、まずは2×2行列の場合で行列式の意味を具体的に把握しよう。

　そもそも行列などというのは何のために必要なのかというと、

$$\begin{pmatrix} a & b \\ c & d \end{pmatrix} \begin{pmatrix} x \\ y \end{pmatrix} = \begin{pmatrix} x' \\ y' \end{pmatrix}$$

のように、ベクトル $\begin{pmatrix} x \\ y \end{pmatrix}$ を $\begin{pmatrix} x' \\ y' \end{pmatrix}$ ベクトルに変える（変換する）という計算を表現するためである[*1]。

　こうやって行列を使って書いても、

$$ax + by = x'$$
$$cx + dy = y'$$

---

*1　もちろん、変換がこんなふうに表現できるのは「一次変換」すなわち変数の1次式のみで表現できる変換の場合だけである。しかし一次変換は頻繁に使われるので、とても大事なのだ。

と書いても同じである。同じであるのになぜ行列を使うかというと、

$$\underbrace{\begin{pmatrix} a & b \\ c & d \end{pmatrix}}_{\text{変換の表現}} \underbrace{\begin{pmatrix} x \\ y \end{pmatrix}}_{\text{変換前}} = \underbrace{\begin{pmatrix} x' \\ y' \end{pmatrix}}_{\text{変換後}}$$

と書いたほうが「変換前」「変換後」「変換の表現」がきれいに分離する。「なんだ、見栄えの問題か」と思ってはいけない。実際の計算においてもとてもありがたいことがたくさんあるのである。「行列で書いたほうがわかりやすい」例を1つ書いておこう。

$\begin{pmatrix} a & b \\ c & d \end{pmatrix}$ で表現される変換を行った後で、$\begin{pmatrix} e & f \\ g & h \end{pmatrix}$ で表現される変換をする。

というふうに2種類の変換を続けて行った時の計算を書いてみよう。

> **行列で書くと**
>
> $$\underbrace{\begin{pmatrix} e & f \\ g & h \end{pmatrix}}_{\text{2個目の変換}} \underbrace{\begin{pmatrix} a & b \\ c & d \end{pmatrix}}_{\text{1個目の変換}} \underbrace{\begin{pmatrix} x \\ y \end{pmatrix}}_{\text{変換前}} = \underbrace{\begin{pmatrix} x' \\ y' \end{pmatrix}}_{\text{変換後}}$$

> **行列を使わない数式で書くと**
>
> $(ea + fc)x + (eb + fd)y = x'$
>
> $(ga + hc)x + (gb + hd)y = y'$

行列を使わないと、「2つの変換を続けて行っている」ということがすぐにはわからないのである[*2]。大事なことは、こうやって行列で書いたことで「2つの変換を合成した変換」を、行列のかけ算を行うことで計算できることだ。

さて、ここで行列の意味をもう少し深く見てみよう。

$$\begin{pmatrix} a & b \\ c & d \end{pmatrix} \begin{pmatrix} 1 \\ 0 \end{pmatrix} = \begin{pmatrix} a \\ c \end{pmatrix}$$

$$\begin{pmatrix} a & b \\ c & d \end{pmatrix} \begin{pmatrix} 0 \\ 1 \end{pmatrix} = \begin{pmatrix} b \\ d \end{pmatrix}$$

という式を書いてみると、行列の左半分 $\begin{pmatrix} a \\ c \end{pmatrix}$ は、$\begin{pmatrix} 1 \\ 0 \end{pmatrix}$ が変換された結果であり、右半分 $\begin{pmatrix} b \\ d \end{pmatrix}$ は $\begin{pmatrix} 0 \\ 1 \end{pmatrix}$ が変換された結果である、ということがわかる。行列の中には、「x方向の単位ベクトルがどう変換されるか」ということと「y方向の単位ベクトルがどう変換されるか」という情報が埋め込まれているのである。

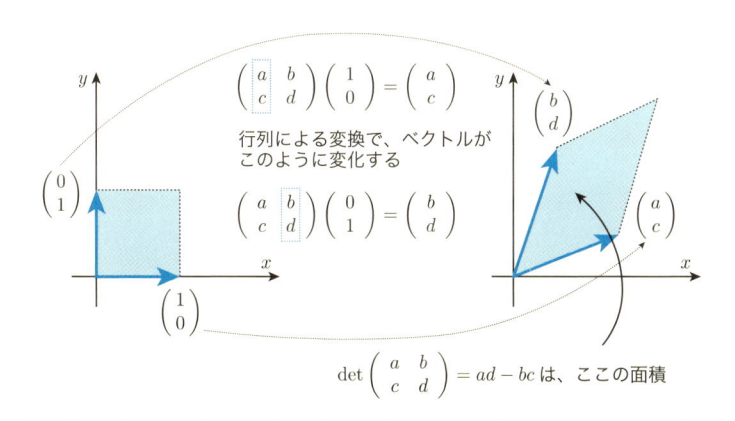

疑問❹ 行列式ってどんな意味があるの？

行列による変換で、ベクトルがこのように変化する

$\det \begin{pmatrix} a & b \\ c & d \end{pmatrix} = ad - bc$ は、ここの面積

---

*2 行列で書いてもちょっと残念なことは、並び方が文章で書いた時とは逆順になってしまうことだ。

こうしてベクトルが行列によって変換される時、変換前に正方形であった領域は図のように平行四辺形に変形されることになる。この絵を見ると、行列式の図形的意味がわかる。

行列式 $\det\begin{pmatrix} a & b \\ c & d \end{pmatrix} = ad - bc$ とは、2つのベクトル $\begin{pmatrix} a \\ c \end{pmatrix}$ と $\begin{pmatrix} b \\ d \end{pmatrix}$ の外積である。つまり、図の平行四辺形の面積である。

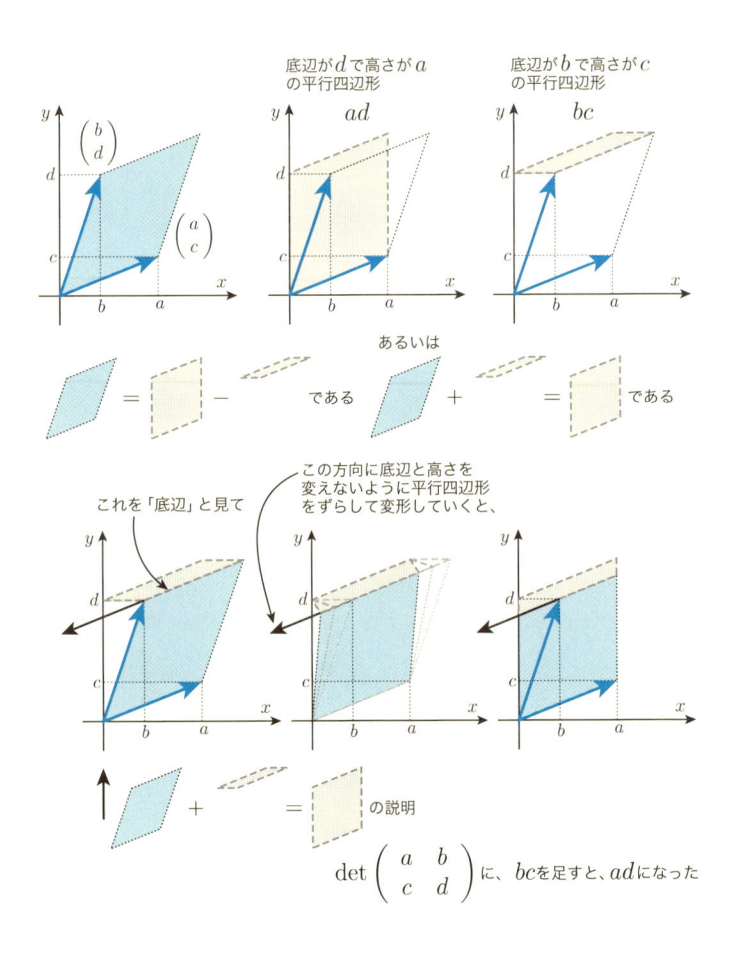

底辺が d で高さが a の平行四辺形 ad

底辺が b で高さが c の平行四辺形 bc

あるいは

= − である   + = である

これを「底辺」と見て

この方向に底辺と高さを変えないように平行四辺形をずらして変形していくと、

+ = の説明

$\det\begin{pmatrix} a & b \\ c & d \end{pmatrix}$ に、bc を足すと、ad になった

図に示したように、adとbcは平行四辺形の面積として表現され、その引き算 $\det\begin{pmatrix} a & b \\ c & d \end{pmatrix}$ が水色の平行四辺形の面積であることが確認できる[*3]。

　こうして意味がわかってみると、行列式に関するいろいろな「公式」は自明のことになる。例えば

> **行列の積の行列式は、各々の行列の行列式の積**
>
> $$\det(AB) = \det A \det B$$

という公式がある。

　次の図のように考えれば、この式が成立するのは当たり前である!!　—行列Bによって面積が$\det B$倍になった後、行列Aによってさらに面積が$\det A$倍になる。よって2つの変換を合成すれば、面積は$\det A \det B$倍になるというわけである。

---

*3　ただし、外積がこんなふうに1成分の量で表されるのは2次元（平面）で考えているからで、3次元で（立体的に）考えるときには2つのベクトルに垂直なベクトルになる。

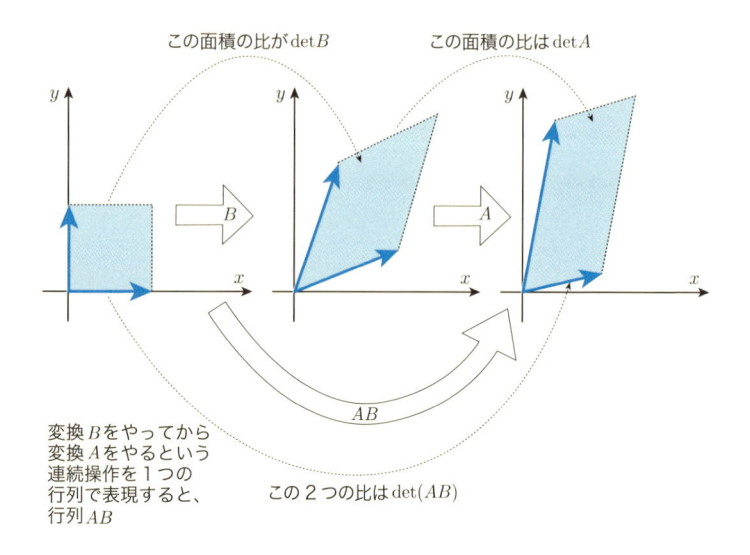

この面積の比が $\det B$ 　　　この面積の比は $\det A$

変換 B をやってから
変換 A をやるという
連続操作を 1 つの
行列で表現すると、
行列 AB

この 2 つの比は $\det(AB)$

行列の基本変形

$$\det\begin{pmatrix} a+b & b \\ c+d & d \end{pmatrix} = \det\begin{pmatrix} a & b \\ c & d \end{pmatrix}$$

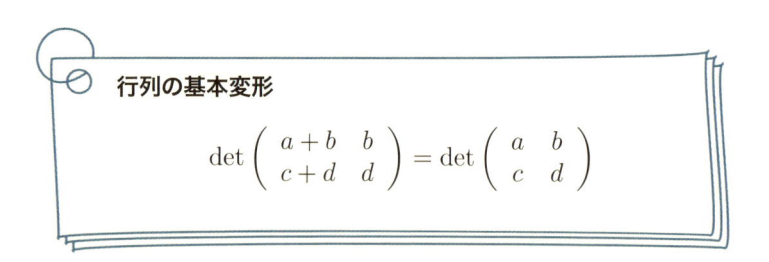

も、次のように図を描いてみるとやはり当たり前のことになる。

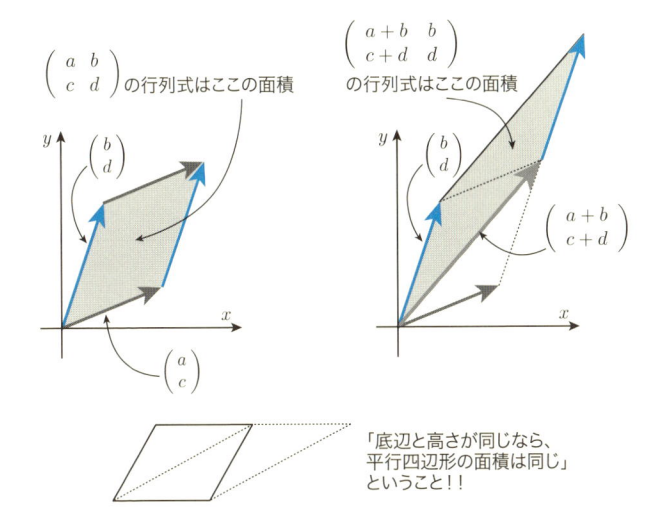

$\begin{pmatrix} a & b \\ c & d \end{pmatrix}$ の行列式はここの面積

$\begin{pmatrix} a+b & b \\ c+d & d \end{pmatrix}$ の行列式はここの面積

$\begin{pmatrix} b \\ d \end{pmatrix}$

$\begin{pmatrix} a \\ c \end{pmatrix}$

$\begin{pmatrix} a+b \\ c+d \end{pmatrix}$

「底辺と高さが同じなら、平行四辺形の面積は同じ」ということ！！

なお、

$$\det \begin{pmatrix} a+c & b+d \\ c & d \end{pmatrix} = \det \begin{pmatrix} a & b \\ c & d \end{pmatrix}$$

という式もあるが、これは行列式が行と列を取り替えても同じ値であることを考えれば本質的に上と同じことである。

行列式に面積という意味を持たせると、「行列式が0」というのはたいへん特殊な状況であることがわかるだろう。1だった面積が0になってしまうのである！！

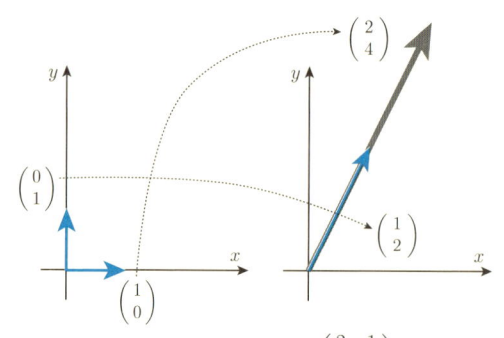

例えば行列式が0になる行列として、$\begin{pmatrix} 2 & 1 \\ 4 & 2 \end{pmatrix}$をとってみよう。この行列によって、2つの単位ベクトルは$\begin{pmatrix} 2 \\ 4 \end{pmatrix}$と$\begin{pmatrix} 1 \\ 2 \end{pmatrix}$に変換されるが、この2つのベクトルは同じ方向を向いているため、もはや面積を作らない。

行列式が0ならば逆行列が存在しないことも、こうして「面積比を考えているのだ」と思えば問題なく理解できるはずである(行列式が0の行列の逆行列は「0で割る」のと同様に無意味なものである)。

なお、行列式はマイナスになることもあるが、それは2つのベクトルの位置関係が逆になっているということを意味する。

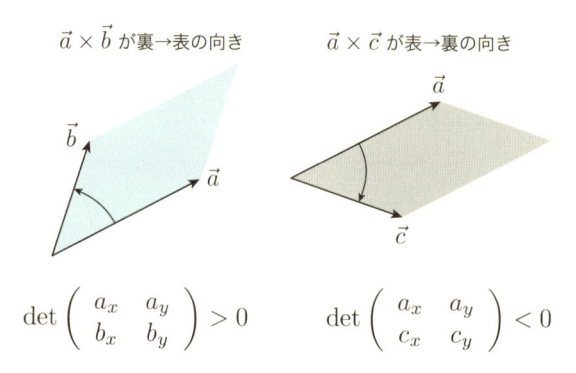

$\vec{a} \times \vec{b}$ が裏→表の向き $\vec{a} \times \vec{c}$ が表→裏の向き

$\det \begin{pmatrix} a_x & a_y \\ b_x & b_y \end{pmatrix} > 0$ $\det \begin{pmatrix} a_x & a_y \\ c_x & c_y \end{pmatrix} < 0$

さて、以上は2次元つまり2×2の行列に限って話をしてきた。3×3の行列になると、話が立体的になり、「面積」であったものが「体積」に変わるが、話は同じである。4×4以上になるともう頭に思い浮かべるのも不可能に近いものになる。しかしそれでも行列の計算ルールを知っていれば計算ができてしまうところが行列─ひいては数式というもののありがたいところである[*4]。

ところで、「行列式」という名前の付け方はあまりよくない。単純に「行列で書いた式」という意味だと思ってしまう人がけっこういる。英語では「determinant」と書くのだが、これは「determine（決定する）」からきている言葉で、「この行列による変換が面積（体積）をどれくらい変えるのかを決定している数」という意味が込められているのである（こっちの名前のほうがずっといい）。「行列式」というシンプルな名前を付けられているが、決して、単なる「行列の式」などではないことに注意しよう。

---

*4 数式というと「頭のいい人が使う道具」というイメージを持たれることが多いのだが、むしろ数式は「天才ではない人でも物理ができるようにしてくれる道具」である。だって、ほんとの天才は4次元だろうが10次元だろうが数式を使わずに頭に思い浮かべて計算できてしまうんだから。

疑問 5 div, rot, grad ってどういう意味？

　div, rot, gradという、電磁気などで出てくるベクトル解析の記号。中でも特に「rotって何なんですか」というのは永遠のFAQらしく、非常によく質問される。これがわからなくて電磁気学の単位を落す人は多い（何を隠そう、著者も落した）。

　そんなものが出てくるから電磁気は難しくなるのだ！　——と憤慨する前に、

> そんな難しいものを導入する意味は何か

と考えてほしい。先人の物理学者たちがdiv, rot, gradを「発明」し、使ってきた理由は、それを使うことによっていろんな概念の理解が容易になるからなのである。したがって、これらの意義を知るためには「これはどういう意味か？」をまず知らなくてはいけない。

divの意味

　divを具体的に理解するには、水の流れで考えるのが一番良い。洗濯機の中でも滝壺でもいいから、とにかく水がどわーーと流れているところを想像する。そして、その流れの中にとっても小さな立方体を考える。実際に箱を入れる必要はない。とにかく水の中の「立方体の形をした領域」を考えるのである。

水がどわーーーと流れているのだから、その立方体の中も水が通り抜けていっている。そして「この立方体の中の水はどれだけ減りましたか」という問題を考えると、この答えを出すために必要なのがdivなのである。

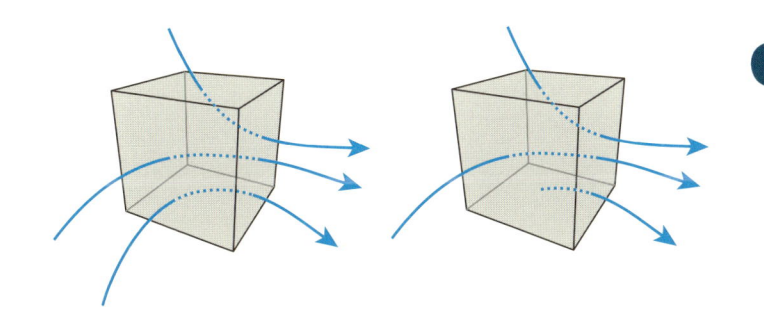

　上の図の場合、左では入る量と出る量のバランスがとれている、つまり出た分だけ入るのなら増減なし（この場合が、divが0となる）だし、右では出る量のほうが多い（この場合、divは正）なら「減っている」ということになる。水で考えている場合、たいていの場合は「立方体のある面からは出ていくが、ある面からは入ってくる。結果として中の水は増えない」というのが答えになるだろう。もし今考えた立方体の中に蛇口があって、そこから水が吹き出していれば話は変わってくる。

　また、これが空気なら「右からも左からも入ってきたので、ちょっと圧縮されましたね。上と下から少し逃げましたが、それでも立方体内の空気は増えたようです」ということもあるかもしれない。この問題を解くには、立方体の6つの面から出ていく水（空気でもい

いが)の量を計算して、足してやればよい。

今水の流速を示すベクトルを$\vec{V}$としよう。天井(面積$\Delta x \Delta y$)から、単位時間に水はどれだけ出ていくだろうか？

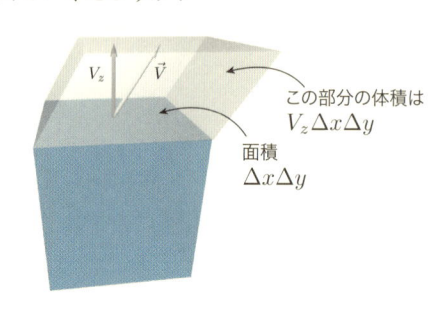

「単位時間に水は長さVだけ天井から飛び出すだろう。ならば、Vに天井の面積$\Delta x \Delta y$をかければよい」と考えてはいけない。流れがちょうど天井に垂直ならよいが、そうでない場合、その分割り引かなくてはいけない。つまり、$\vec{V}$というベクトルを(V_x, V_y, V_z)とx成分y成分z成分にわけた時の、z成分だけが関係する。よって、天井から抜けていく水の量は

$$V_z \Delta x \Delta y$$

である。

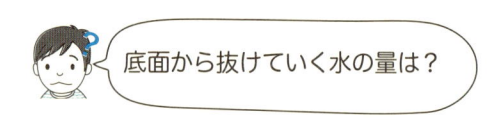

底面から抜けていく水の量は？

底面では、V_zが正ならば水が入ってくることになる。だから抜けていく量を計算するためにはマイナス符号が必要となる。つまり、底面から抜けていく量は

$$-V_z \Delta x \Delta y$$

である（もしV_zがマイナスなら、この量がプラスになる。つまり、「抜けていく」のである）。

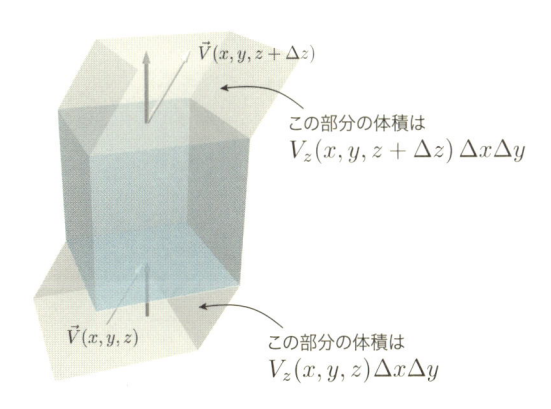

図中のラベル：
$\vec{V}(x,y,z+\Delta z)$
この部分の体積は $V_z(x, y, z + \Delta z)\Delta x\Delta y$
$\vec{V}(x,y,z)$
この部分の体積は $V_z(x, y, z)\Delta x\Delta y$

この2つの式を見て、「足したらゼロじゃん」と思ってはいけない。天井と底面は、z座標がΔzだけ違う。そこを考慮してちゃんと式を書くと、「天井から抜けていく量＋底面から抜けていく量」は

$$(V_z(x, y, z +\Delta z) - V_z(x, y, z))\Delta x\Delta y$$

となる。

ここで微分の定義

$$\lim_{\Delta z \to 0} \frac{(V_z(x,y,z + \Delta z) - V_z(x,y,z))}{\Delta z} = \frac{\partial V_z}{\partial z}$$

を思い出せば、「天井と床面で抜けていく量」は

$$\frac{\partial V_z}{\partial z}\Delta x\Delta y\Delta z$$

となる（どうせΔzは微小であることに注意）。

もし、$\dfrac{\partial V_z}{\partial z}$が正であれば、「天井のほうが$z$方向の流れが速い」ということなので、考えている直方体（体積$\Delta x \Delta y \Delta z$）の中で流れが「増えた」と考えることができる（負ならば逆である）。

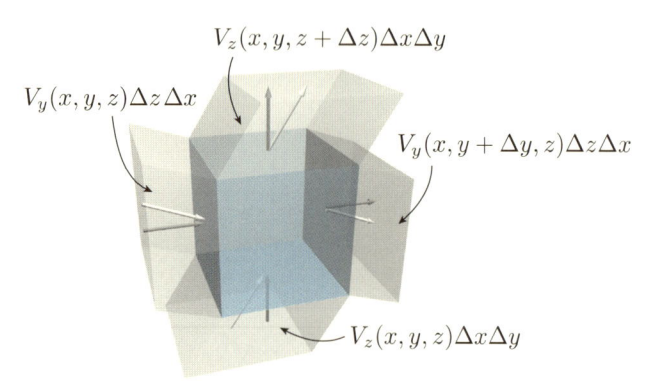

$V_z(x, y, z + \Delta z)\Delta x \Delta y$

$V_y(x, y, z)\Delta z \Delta x$

$V_y(x, y + \Delta y, z)\Delta z \Delta x$

$V_z(x, y, z)\Delta x \Delta y$

z方向とy方向を考えた図
（x方向は書き加えていない）

ここまできたら後は簡単、x方向やy方向に関しても「抜けていく量」を考えればよいが、全く同じ計算をやればよいので、結果は

$$\left(\dfrac{\partial V_x}{\partial x} + \dfrac{\partial V_y}{\partial y} + \dfrac{\partial V_z}{\partial z} \right) \Delta x \Delta y \Delta z$$

となる。このうち$\Delta x \Delta y \Delta z$を外したものが$\mathrm{div} V$そのものである。divは、「ある1点にある仮想的微小立方体」の上で、体積あたりの量として定義されている。

こういうふうに、空間内に流れのようなものが存在していた時に、「ある場所でその流れはどの程度増えているのか」ということを計算するために使うのがdivである。

定義からすると、div は x 方向、y 方向、z 方向の 3 つの引き算の組である

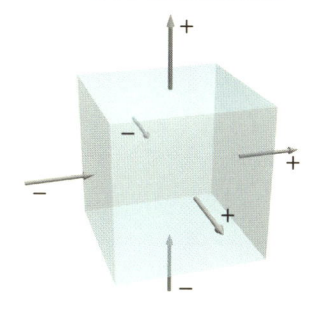

ベクトルの引き算は、向きをひっくり返して足すことであることを使うと、

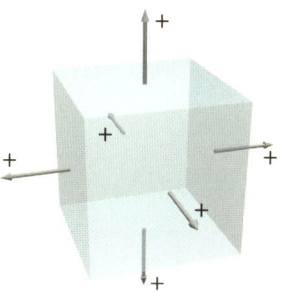

div は、外へ向かう 6 つのベクトルを足していることになる

　図に描いたように、divは「6つの面から外へ出て行くベクトル6本を足したもの」というふうに理解できる。

rotの意味

　rotも水の流れで考えよう。ただし今度は水面での流れで考える。水面の上に仮想的なボートを浮かべてみる。そして、その仮想的なボートが正方形の形に水面を運航する。この時「ボートは水の流れにどれだけ押してもらったでしょうか」という問題を考えると、これの答えを出すために必要になるのがrotなのである。

　次の図の青線のように水が流れていて、黒の正方形の形に仮想的ボートが動いたとする。最初ボートは右に移動し、流れは右に傾いているから、ボートをこぐのは少し楽である（得をする）。次に上へ進む時も流れに上向き成分があるから、少し得をする。その次に

は左へ進むが、この時は流れと運動方向が垂直に近いので、それほど得も損もしない。最後の下への移動では流れに逆らっているので少し損をする。これを1サイクル分足し上げたものがrotの正体である。ではこれを式で書こう。上で「得をする」と書いたが、それを「流れの速度に比例する力が働いたとして、どれだけの仕事をしてもらえるか」という意味だと考える。

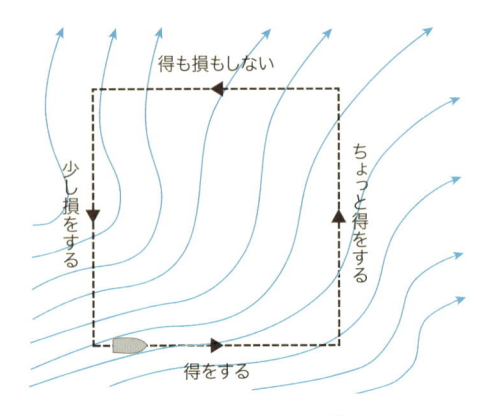

まず最初の右へ動く時は、$V_x \Delta x$の仕事をしてもらえる。上のほうで左に動く時は、逆向きなので$-V_x \Delta x$となる。ここで「足したらゼロじゃん」と思ってはいけないのはdivの時の話と同じで、

$$-V_x(x, y +\Delta y, z)\Delta x + V_x(x, y, z)\Delta x$$

と解釈すべきなのである。例によってテーラー展開すれば、

$$-\frac{\partial V_x}{\partial y}\Delta x \Delta y$$

となる。同様の計算を、右の辺の上向きの移動の部分と、左の辺の下向き移動の部分について行うと、今度は関係するのはV_yであり、$x + \Delta x$の位置（右の辺）が+で、xの位置（左の辺）が－で効くので、

$$\frac{\partial V_y}{\partial x}\Delta x\Delta y$$

となる。まとめると、

$$\left(\frac{\partial V_y}{\partial x} - \frac{\partial V_x}{\partial y}\right)\Delta x\Delta y$$

となる。これを単位面積あたりに換算した、

$$\frac{\partial V_y}{\partial x} - \frac{\partial V_x}{\partial y}$$

こそがrotである（実際には、rotのz成分）。

y成分をxで微分したものと、x成分をyで微分したものの引き算になるわけであるが、どうしてこうなるかを図で表現すると下のようになる。

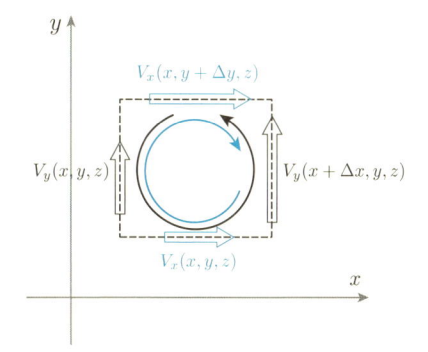

$V_x(x, y+\Delta y, z)$ の方が
$V_x(x, y, z)$ より大きいことは、
時計回りの回転を作る。

$V_y(x+\Delta x, y, z)$ の方が
$V_y(x, y, z)$ より大きいことは、
反時計回りの回転を作る。

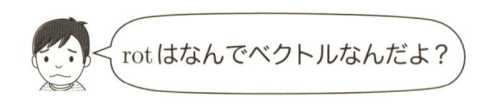

「rotはなんでベクトルなんだよ？」

と気になる人がいるかもしれない。それは、今考えたように微小な正方形1個1個に対して定義されているのがrotであり、正方形がどんな向きを向いているかによってrotの値は当然、違うからである。そのベクトルの向きは、正方形の運航を右ネジを回す向きと考えた時のネジの進む向きと決まっている。

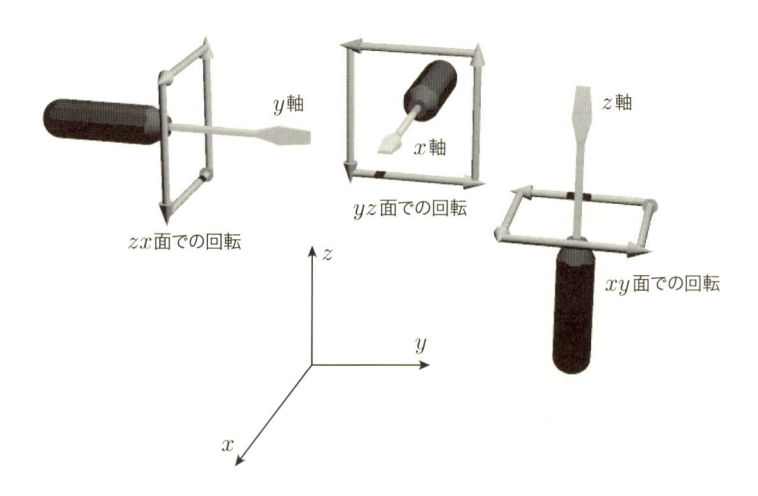

ある1点を指定しても、その場所に正方形はたくさん（いろんな方向を向いて）書ける。だから、「rotはベクトルでx成分とy成分とz成分がある」という表現は正しいのだが、より正確には、「rotにはyz面に垂直な成分とzx面に垂直な成分とxy面に垂直な成分がある」（もちろん、「x成分」は「yz面に垂直な成分」のように対応する）

と言うべきである。もちろんどっちだって同じなのだが[*1]。

gradの意味

最後のgradは、立体(divの場合)でも面(rotの場合)でもなく1本の矢印の上で考える。この矢印の根元と矢印の先での、関数(x, y, z)の差を取る。この結果は$\vec{a}$とgradϕの内積である。つまり、

gradの意味するところ

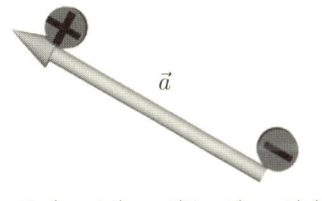

$\vec{a} \cdot (\mathrm{grad}\phi) \simeq \phi(\vec{x}+\vec{a}) - \phi(\vec{x})$
矢印の先での値から、矢印の根元での値を引く

$$\phi(\vec{x}+\vec{a}) - \phi(\vec{x}) = \vec{a} \cdot \mathrm{grad}\phi(\vec{x})$$

という計算である。gradのx成分を考えると、

$$\phi(x+\Delta x, y, z) - \phi(x, y, z) = \frac{\partial \phi(x, y, z)}{\partial x}\Delta x$$

という計算を行って、単位長さあたりにする(Δxで割る)ということになる。gradは考え方としては一番単純かもしれない。

以上がdiv, rot, gradの概要であるが、注目すべきことは、

---

*1 とはいえ、もし3次元じゃない空間を考えたらそんなことは言っていられなくなる。例えば2次元(平面)上では、rotはベクトルではない。

> **div, rot, grad**
>
> **div** 立体で定義されたもの
> **rot** 面で定義されたもの
> **grad** 線で定義されたもの

ということである[*2]。

grad の rot が 0 であること

これは数式でもわかるが、grad と rot の意味を理解していれば、この図を見るだけで一発でわかる。

grad は矢印の先の量と矢印の根本の量の差である。rot は正方形の1周で定義されている。

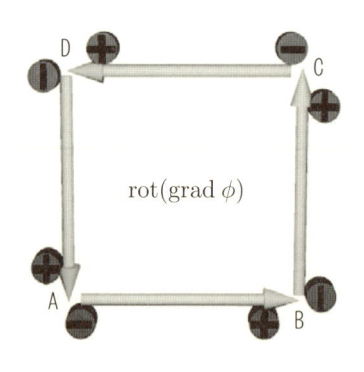

$\mathrm{rot}(\mathrm{grad}\,\phi)$

つまり grad の rot というのは、矢印 4 本もってきて正方形を作るという操作に等しいのである。この 4 本の矢印が表しているものが「(矢の先)−(矢の根本)」という引き算なのだから、矢印が正方形を描いて 1 周回るように足し算を繰り返せば、「1 本めの矢の先」と「2

＊2 微分幾何学の言葉で言うと grad は 1-form、rot は 2-form、div は 3-form ということになる。

本めの矢の根本」が消しあって（以下同文）、答えがゼロになるのは当然である。

　gradのrotというのは前ページの図の、

$$(C-B) + (D-C) + (A-D) + (B-A)$$

なのである。4つの同じ文字が2回ずつ、逆符号で出てきて足されるので、結果は0である。

👆 rotのdivが0であること

　同じように考えたらわかる（「ので読者の演習にまかせる」と書きたいところだがそこは、ぐっとこらえてちゃんと書く）。

　くどいようだがもう一度大事なことを太字で繰り返すと、

divは立方体、rotは正方形

である。上でdivを計算する時、まず天井での流れと床での流れの引き算から始めた。そこでまず「天井でのrotと、床でのrotの差をとる」という計算を図で表してみると、次の図の左のようになる。ここで、床でのrotは引き算されるのだから、逆回りにして書き直したのが中央の図である。

（天井）−（床）　　（天井）＋（ひっくり返した床）　　（6面全部の足し算）

　以上を立方体の6つの面すべてに対して実行する。すると、一番右の図ができる。rotからdivを作るというのはつまり、右図のような矢印を全部足す、ということ。天井以外の4面についても、対面どうしの正方形の中で、rotは逆回りしている。

　で、この図をよく見ると、1つの辺を2本ずつ、逆向き矢印が通っていることが理解できる。となれば、これも全部足せばゼロになるのは当然である[*3]。

ストークスの定理

　rotの正方形を立方体をなすように組み上げるとdivがゼロになるわけだが、立方体でなく任意の面を作るように組み上げていくと、ストークスの定理というのが証明できる。rotの正方形をあわせていくと、常にとなりあう矢印どうしは消しあうので、一番外側にある線（つまり考えている面の外縁）の部分の積分だけが残ることになる。

＊3　なお、微分幾何学なる学問の世界では「gradのrotは0」も「rotのdivは0」も「外微分の外微分は0」という一般法則になる。

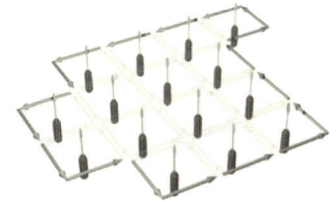

ゆえに、

$$\int \mathrm{rot}\vec{A} \cdot \mathrm{d}S = \oint \vec{A} \cdot \mathrm{d}\vec{l}$$

という式が出る。左辺は$\mathrm{rot}\vec{A}$を面上で積分すること（真ん中にドライバーが生えた正方形を足していくこと）であり、右辺はベクトル$\vec{A}$を外周で線積分すること（図形の外縁の矢印を足していくこと）である。

なお、rotを面（2次元）に対して定義されていると考えるならば、立体（3次元）に対して定義されているdivについても、隣り合う面どおしが消しあうように組み合わせていけば、表面部分だけが残る、という計算ができそうである、とわかる。これは「ガウスの法則」である（絵はもう描かないけど、頭に思い浮かべるのは容易なはず）。

ここで当然の疑問として「じゃあ、gradに関しても同じか？」ということを考え付くと思う。gradの場合でも、線をどんどんつなげていくと「矢印の元」と「矢印の先」が消えていって、結

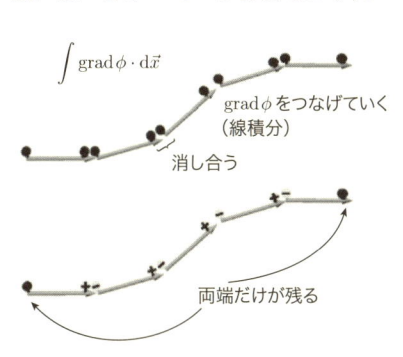

局先端と最後尾の値以外は関係なくなる。しかしそれは、gradというのが本質的に微分であって、「矢印をつないで足していく」という計算は結局「線に沿っての積分」（線積分）なのだから、当然といえば当然である。

ついでにもう1つ、

> 何かの関数のgradではないようなベクトル（矢印）の線積分はどうなるか？

ということを考えてみよう。一般のベクトルである場合、違う道をたどるように矢印を足していくと、同じ値になるとは限らない。

例えば右図の経路Aに沿ってベクトル成分に矢印の長さをかけて足していったとする。その答えは、経路Bに沿って同じ計算をしたものと同じ値になるとは限らない。もし同じ値になったとしたら、その時は青い矢印のように1周計算し

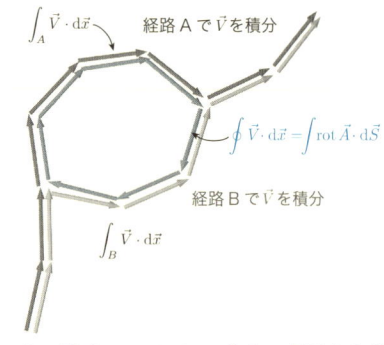

$$\int_A \vec{V} \cdot \mathrm{d}\vec{r} \quad \text{経路Aで}\vec{V}\text{を積分}$$

$$\oint \vec{V} \cdot \mathrm{d}\vec{r} = \int \mathrm{rot}\,\vec{A} \cdot \mathrm{d}\vec{S}$$

経路Bで$\vec{V}$を積分

$$\int_B \vec{V} \cdot \mathrm{d}\vec{r}$$

た値はゼロになっていなくてはいけない。ここでもし、「どんな道を通って線積分しても答えは一緒」ということがわかったとすると、どんな形の周回（青い矢印）をしてもゼロだということになる。つまりrotがゼロであるときは線積分の結果は途中によらず、先端と最後尾のみで決まる。何かの関数のgradであればrotはゼロなので、この条件を最初から満たしている。

疑問6 ラプラシアンって何？

ラプラシアンというのは、3次元直交座標系であれば、

$$\frac{\partial^2}{\partial x^2} + \frac{\partial^2}{\partial y^2} + \frac{\partial^2}{\partial z^2}$$

である。単純に言えば「x, y, z の3つの方向の2階微分を足したもの」ということになる。

あるいは、ナブラと呼ばれるベクトルを

$$\vec{\nabla} = \vec{e}_x \frac{\partial}{\partial x} + \vec{e}_y \frac{\partial}{\partial y} + \vec{e}_z \frac{\partial}{\partial z}$$

と定義して（$\vec{e}_x, \vec{e}_y, \vec{e}_z$ はそれぞれ x, y, z 方向の単位ベクトル）、$\vec{\nabla}\cdot\vec{\nabla}$ のように自乗（スカラー積）と定義してもよい。

物理ではいろんなところにこのラプラシアンなる式が出てくるのだが、「いったいこれは何なのか？」ということがわからないままに使っている人もけっこういるようである。なぜ2階微分なのか？？ ―なぜ x, y, z の成分を足すのか？ ―そして、なぜこうも頻繁に出てくるのか。

実はラプラシアンがやたらと出てくる理由は、物理のあらゆるところに顔を出す1つの傾向を表現しているものだからなのである。そして、その意味がわかれば、他の2つの疑問も氷解するだろう。

この項では、ラプラシアンの意味を考え直そう。

まずは1次元の場合で考えよう。その場合ラプラシアンは単なる $\dfrac{\mathrm{d}^2}{\mathrm{d}x^2}$ である。

いきなり2階微分にいくのではなく、1階微分から考えよう。1階微分の定義は

$$\frac{\mathrm{d}}{\mathrm{d}x}f(x) = \lim_{\Delta \to 0} \frac{f(x+\Delta)-f(x)}{\Delta}$$

である。つまり、$x \to x+\Delta x$ とx が変化する間に、fが$f(x) \to f(x+\Delta x)$ と変化する時の、それぞれの変化の割合こそが微分である（ただし、後で$\Delta x \to 0$ の極限を取る必要はある）。

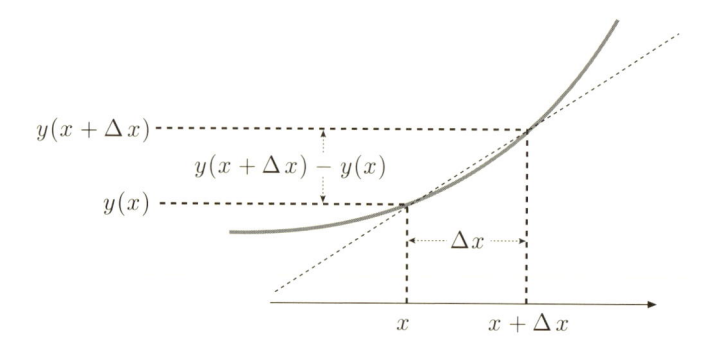

これをグラフで表現すると、図のようになる。この図で$\Delta x \to 0$ という極限を取ると、微分の値はx における曲線の傾きに一致する。

2階微分は、微分のさらに差を取る計算であるから、

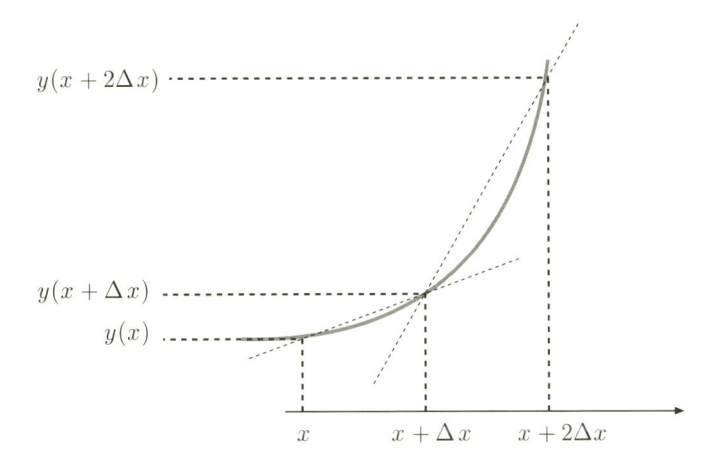

のようにグラフを描いて考えると、

$$\frac{\mathrm{d}^2}{\mathrm{d}x^2}f(x) = \lim_{\Delta \to 0} \frac{\frac{\mathrm{d}f}{\mathrm{d}x}(x+\Delta) - \frac{\mathrm{d}f}{\mathrm{d}x}(x)}{\Delta}$$

という計算をしろ、ということである。この各々の微分 $\frac{\mathrm{d}f}{\mathrm{d}x}$ にさらに1階微分の定義式を代入してみよう。計算の続きは

$$= \lim_{\Delta \to 0} \frac{\frac{f(x+2\Delta)-f(x+\Delta)}{\Delta} - \frac{f(x+\Delta)-f(x)}{\Delta}}{\Delta}$$

$$= \lim_{\Delta \to 0} \frac{f(x+2\Delta)+f(x)-2f(x+\Delta)}{(\Delta)^2}$$

$$= \lim_{\Delta \to 0} \frac{2}{(\Delta)^2}\left(\frac{f(x+2\Delta)+f(x)}{2} - f(x+\Delta)\right)$$

となる。この式は2つの点 $(x+2\Delta$ と $x)$ における関数 f の平均である $\frac{f(x+2\Delta)+f(x)}{2}$ と、その中間での値 $f(x+\Delta)$ の差に比例する。

グラフで表現すれば

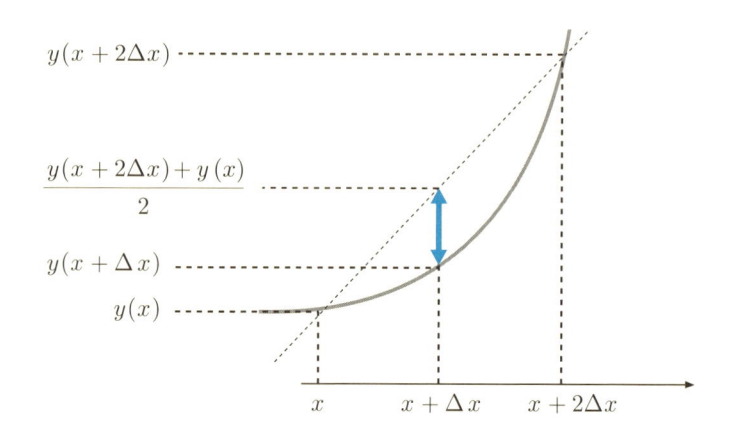

となる。図の色つき↕が $\dfrac{f(x+2\Delta)+f(x)}{2} - f(x+\Delta)$。

2階微分は、上で述べたように「両隣の平均と自分との差」を表しているのだが、同時に、2階微分はグラフで描いた時の凹み具合を表現している、と言っていい。グラフが「下に凸」の状態だったら2階微分は正となり、「上に凸」の状態だったら2階微分は負となる。

例えばイメージとして、上のグラフの曲線がゴム紐でできているとしよう。ゴム紐は弾力を持っているので、まっすぐの状態になろうとする。つまり「下に凸」の状態なら上に登ろうとするし、「上に凸」の状態だったら下に降りようとする。

まっすぐの状態とはつまり、グラフが直線の状態であり、それは $\dfrac{f(x+2\Delta)+f(x)}{2} - f(x+\Delta) = 0$ の状態である。つまり、2階微分は今考えている関数 f に生じる「**復元力のようなもの**」を表現しているのである。

```
        (x, y+Δ)
    ┌─────────┐
    │    ┊    │
(x−Δ,y)┈┈┼┈┈(x+Δ,y)
    │    ┊    │
    │    ↘  (x,y)
    └─────────┘
       (x,y−Δ)
```

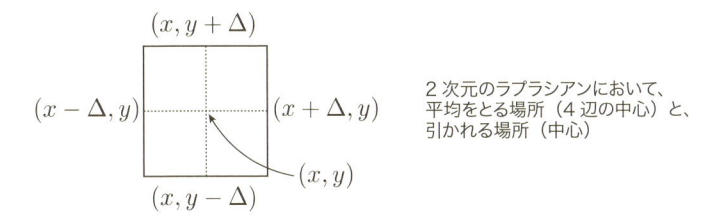

2次元のラプラシアンにおいて、平均をとる場所（4辺の中心）と、引かれる場所（中心）

2次元ではどうだろう。この場合のラプラシアンはx方向の2階微分とy方向の2階微分の和であるから、それぞれの方向において平均と中央の値との差をとるという計算がされる。

実際に計算で確認してみよう。

$$\left(\frac{\mathrm{d}^2}{\mathrm{d}x^2}+\frac{\mathrm{d}^2}{\mathrm{d}y^2}\right)f(x,y)$$
$$=\lim_{\Delta\to 0}\frac{1}{(\Delta)^2}\bigg(f(x+\Delta,y)+f(x-\Delta,y)$$
$$+f(x,y+\Delta)+f(x,y-\Delta)-4f(x,y)\bigg)$$

となる。この式の括弧の中身は、

$$\frac{f(x+\Delta,y)+f(x-\Delta,y)+f(x,y+\Delta)+f(x,y-\Delta)}{4}-f(x,y)$$

の4倍である。

2次元のラプラシアンもやはり、自分の四方（$f(x+\Delta,y)$と$f(x-\Delta,y)$と$f(x,y+\Delta)$と$f(x,y-\Delta)$）の平均と自分$f(x,y)$の差に比例する。

2次元と1次元の大きな違いは、1次元では$\frac{\mathrm{d}^2}{\mathrm{d}x^2}f=0$と言われたらそれは直線しかないが、2次元で

$$\frac{\partial^2}{\partial x^2}f + \frac{\partial^2}{\partial y^2}f = 0$$

となったら、$\frac{\partial^2}{\partial x^2}f$ と $\frac{\partial^2}{\partial y^2}f$ が逆符号で消し合っている場合もある。

その一例が右の図の状況で、これは正電荷によって作られた電位の図である。x 方向で見ると下に凸、y 方向で見れば上に凸で、全体でラプラシアンをかけて 0 になっている。

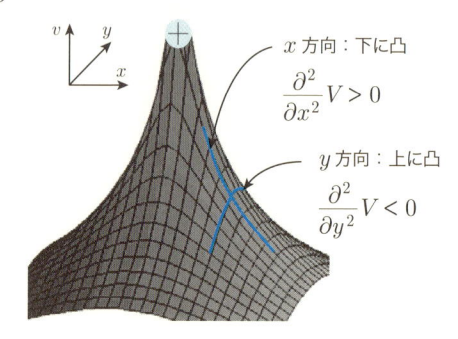

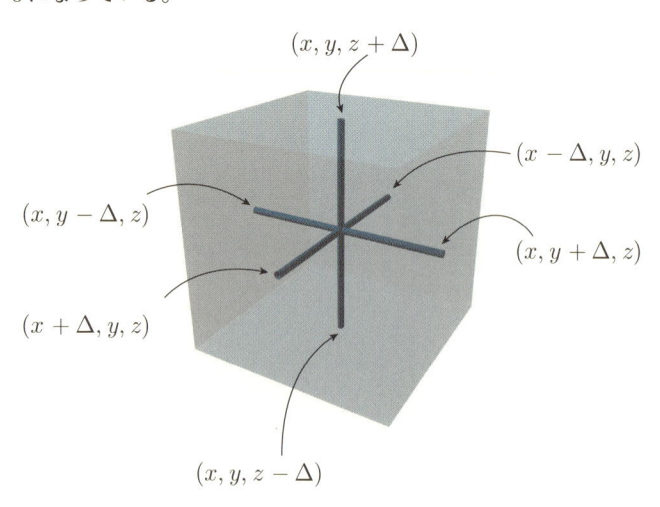

x 方向：下に凸
$$\frac{\partial^2}{\partial x^2}V > 0$$

y 方向：上に凸
$$\frac{\partial^2}{\partial y^2}V < 0$$

3次元でも同様で、ラプラシアンをかけるということは、「上下左右前後の6つの場所の平均」と「自分自身」との差を計算することになる。具体的には、

$$\left(\frac{\partial^2}{\partial x^2} + \frac{\partial^2}{\partial y^2} + \frac{\partial^2}{\partial z^2}\right) f(x,y,z)$$
$$= \lim_{\Delta \to 0} \frac{1}{(\Delta)^2} \Big[f(x+\Delta, y, z) + f(x-\Delta, y, z) + f(x, y+\Delta, z)$$
$$+ f(x, y-\Delta, z) + f(x, y, z+\Delta) + f(x, y, z-\Delta)$$
$$- 6f(x,y,z) \Big]$$

となる。

物理においてはよく、「ラプラシアンをかけると0」という式(ラプラス方程式と呼ぶ)が現れる。ラプラス方程式は「自分の周りの平均値と、自分の値は同じである」ということを意味するのである。

波動方程式などにも

$$\frac{\partial^2}{\partial t^2} u(\vec{x}, t) = \triangle u(\vec{x}, t)$$

という形でラプラシアンが現れる。この式の左辺は加速度であるから、右辺は力に比例する。そしてその力は、「自分の周りの平均値と、自分の値との差」に比例する。ということはすなわち、「私の値を、自分の周りの平均値にしてください!」という方向に力が働くのである。波が発生している時、波の山においては下、波の谷においては上向きに力が働いている。このような「中心に戻りたい!」という気持ちの表れである力を「復元力」と呼ぶ。復元力は「私は周囲の

疑問 **6** ラプラシアンって何?

平均でいたい！」という力であると言い換えてもよい。

　物理において「私は周囲の平均でいたい！」という方向に力が働くことは非常に多い。波動方程式はみなそうだし、電位を表すラプラス方程式もそうである。また、熱伝導方程式にもラプラシアンが現れるが、これは「周囲の温度の平均が私の温度」という作用が現れているからである。

　物理のありとあらゆるところに「状態を平均化しようとする作用」がある。その時、その現象を記述する数式にラプラシアンが顔を出す。このことを知っていれば、数式にラプラシアンが現れた時、そこで起こっている物理を想像できるはずである。

さて、この節の最後に「div(gradϕ) = $\Delta\phi$」という式を図解しておこう。疑問❺に書いたように、gradの意味は「矢印の先から矢印の根元を引く」という計算であるし、divの意味は「箱から流れだす流れの総和」である。gradという矢印を流れと見て、箱から流れだす。これは（6で割れば）「周りの平均と自分自身の差」という量になっている。すなわち、ラプラシアンである。

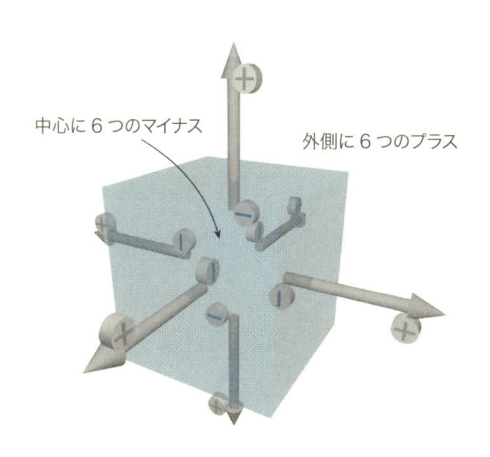

中心に6つのマイナス　　外側に6つのプラス

疑問 7 極座標ラプラシアン、なぜあんな形に？

「3次元の極座標のラプラシアンを計算せよ」

と言われると、経験のある人の多くが

「二度とヤダ!!」

と反応するようだ。私も何度かやったことあるが、まじめに計算しようとすると確かにめんどくさい。

極座標でのナブラは、

$$\vec{\nabla} = \vec{e}_r \frac{\partial}{\partial r} + \vec{e}_\theta \frac{1}{r} \frac{\partial}{\partial \theta} + \vec{e}_\phi \frac{1}{r \sin \theta} \frac{\partial}{\partial \phi}$$

と書かれている。直交座標のナブラ $\vec{\nabla} = \vec{e}_x \frac{\partial}{\partial x} + \vec{e}_y \frac{\partial}{\partial y} + \vec{e}_z \frac{\partial}{\partial z}$ に比べてずいぶん複雑になっているように見える。

なぜ $\vec{\nabla} = \vec{e}_r \frac{\partial}{\partial r} + \vec{e}_\theta \frac{\partial}{\partial \theta} + \vec{e}_\phi \frac{\partial}{\partial \phi}$ じゃないのか

というと、ナブラという微分記号は任意のベクトルを $\vec{a}$ として、

$$\vec{a} \cdot \vec{\nabla} f(\vec{x}) = \lim_{h \to 0} \frac{f(\vec{x} + h\vec{a}) - f(\vec{x})}{h}$$

と定義されているからである。$\vec{a}$ として単位ベクトルを取るとすると、この式の右辺は $\vec{a}$ 方向に h だけ離れた2点での差を取るという

計算である。一方、θ方向にh進むためには、θを$\frac{h}{r}$だけ変化させなくてはいけない。ϕ方向ならば、ϕを$\frac{h}{r\sin\theta}$変化させなくてはいけないのである。よって、単なる$\frac{\partial}{\partial\theta}$ではだめで、

$$\vec{e}_\theta \cdot \vec{\nabla} f(\vec{x}) = \frac{1}{r}\frac{\partial}{\partial\theta}f$$

$$\vec{e}_\phi \cdot \vec{\nabla} f(\vec{x}) = \frac{1}{r\sin\theta}\frac{\partial}{\partial\phi}f$$

であるべきなのである。$r\Delta\theta$, $r\sin\theta\Delta\phi$が「距離」という意味合いを持っていることを考えば、こうなることは納得できる。

この極座標のナブラを自乗すると、ベクトルの内積を取って、

この式は間違い!!

$$\vec{\nabla} \cdot \vec{\nabla} = \frac{\partial^2}{\partial r^2} + \frac{1}{r^2}\frac{\partial^2}{\partial\theta^2} + \frac{1}{r^2\sin^2\theta}\frac{\partial}{\partial\phi^2}$$

となると思いたいところだが、そうならない。実際には、

$$\triangle = \frac{1}{r^2}\frac{\partial}{\partial r}\left(r^2\frac{\partial}{\partial r}\right) + \frac{1}{r^2\sin\theta}\frac{\partial}{\partial\theta}\left(\sin\theta\frac{\partial}{\partial\theta}\right) + \frac{1}{r^2\sin^2\theta}\frac{\partial^2}{\partial\phi^2}$$

または、

$$\triangle = \frac{\partial^2}{\partial r^2} + \frac{2}{r}\frac{\partial}{\partial r} + \frac{1}{r^2}\frac{\partial^2}{\partial\theta^2} + \frac{1}{r^2}\cot\theta\frac{\partial}{\partial\theta} + \frac{1}{r^2\sin^2\theta}\frac{\partial^2}{\partial\phi^2}$$

となるのである。

いったい、この余計な部分はどこから出てくるのだろう。学生の

疑問 **7** 極座標ラプラシアン、なぜあんな形に?

頃から不思議でしかたがなかった。

そこでこの項目では、ラプラシアンの計算法の少し楽な方法を示すと同時に、「余計な部分はどこからきたのか？」を考えることにしよう。

👍 第1の方法：ちゃんと基底ベクトルも微分しろ

「なぜ単純に自乗しちゃいかんのか？」をつきつめて考えよう。とりあえず、$\vec{\nabla}$の自乗というのをまじめに書いてみると、

$$\left(\vec{e}_r\frac{\partial}{\partial r} + \vec{e}_\theta\frac{1}{r}\frac{\partial}{\partial \theta} + \vec{e}_\phi\frac{1}{r\sin\theta}\frac{\partial}{\partial \phi}\right) \cdot \left(\vec{e}_r\frac{\partial}{\partial r} + \vec{e}_\theta\frac{1}{r}\frac{\partial}{\partial \theta} + \vec{e}_\phi\frac{1}{r\sin\theta}\frac{\partial}{\partial \phi}\right)$$

となる。この式をみて早とちりのあわてものが「$\vec{e}_r, \vec{e}_\theta, \vec{e}_\phi$は互いに直交して長さが1だから、$\vec{e}_r \cdot \vec{e}_r$のような同じもの同士の内積を残して計算すればいい」とやってしまうと、

✋ この式は間違い！！

$$\triangle = \vec{\nabla}\cdot\vec{\nabla} = \frac{\partial^2}{\partial r^2} + \frac{1}{r^2}\frac{\partial^2}{\partial \theta^2} + \frac{1}{r^2}\sin^2\theta\frac{\partial^2}{\partial \phi^2}$$

となるが、実際には

$$\triangle = \frac{\partial^2}{\partial r^2} + \frac{2}{r}\frac{\partial}{\partial r} + \frac{1}{r^2}\frac{\partial^2}{\partial \theta^2} + \frac{1}{r^2}\cot\theta\frac{\partial}{\partial \theta} + \frac{1}{r^2\sin^2\theta}\frac{\partial^2}{\partial \phi^2}$$

と、この早とちり計算法では出てこないおつり（色つきで書いた）が出てきたものが正解である。この早とちり計算法は何がまずいのだろう？？？

ここで「左にある微分は、右の括弧内を微分しないのか？」ということに気がつけば正解に1歩近づく。例えば、今考えている計算式は

$$\left(\vec{e}_r \frac{\partial}{\partial r}\right) \cdot \left(\vec{e}_\theta \frac{1}{r} \frac{\partial}{\partial \theta}\right)$$

という項を含んでいるが、最初にある $\frac{\partial}{\partial r}$ が、後ろにある $\frac{1}{r}$ を微分したらどうなるだろう？？

この部分からおつりが出てくるのでは──と一瞬期待してしまうが、ここからは出ない。確かに $\frac{\partial}{\partial r}\frac{1}{r} = -\frac{1}{r^2}$ となるが、この微分の結果は

$$\vec{e}_r \cdot \left(\vec{e}_\theta \left(-\frac{1}{r^2}\right) \frac{\partial}{\partial \theta}\right)$$

となって、内積を取ると $\vec{e}_r \cdot \vec{e}_\theta = 0$ になって効かない。$\frac{\partial}{\partial \theta}, \frac{\partial}{\partial \phi}$ も同様である。ここで「じゃあやっぱりおつりは出ないじゃないか」と落胆することはない。微分するべきものは他にもあるのである。あからさまに書いていないものだからつい見落としがちなのだが、実は $\vec{e}_r, \vec{e}_\theta, \vec{e}_\phi$ は場所によって違う方向を向いているので、その微分は0ではない場合があるのである。

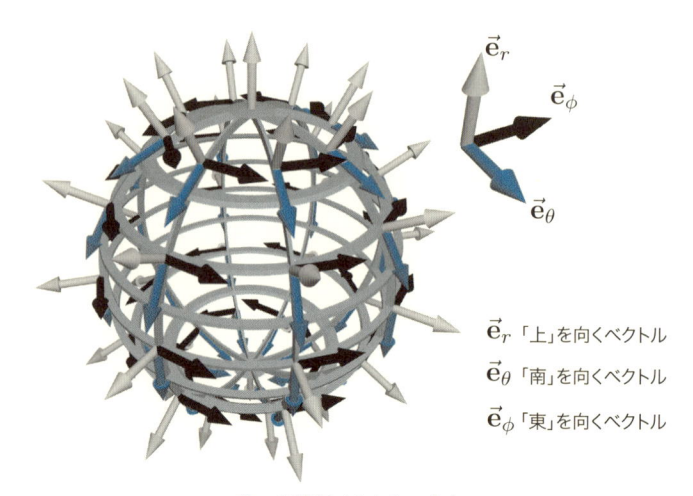

$\vec{e}_r$「上」を向くベクトル
$\vec{e}_\theta$「南」を向くベクトル
$\vec{e}_\phi$「東」を向くベクトル

3つの基底ベクトルの向き

　例えば$\vec{e}_r$は「rが増える方向」つまり原点から離れる方向を向いたベクトルであって、当然場所によって違う方向を向く。これは地球で言えば「上」(重力の働く方向と逆方向)である。「上」は場所によって違う向きを向く。例えば北極と南極では「上」が逆向きになる。同様に$\vec{e}_\theta$は「南」を、$\vec{e}_\phi$は「東」を向くベクトルである。

　場所によって違う方向を向いている以上、これらのベクトルは「定数」(定ベクトル?)ではない。よってこれも微分しなくてはいけない。これからおつりが出るのである。

　では以下で1つずつおつりの出方を確かめよう。まず第1項の$\vec{e}_r\dfrac{\partial}{\partial r}$の部分を見てみよう。この部分はおつりを出さない。なぜなら、$\vec{e}_r,\vec{e}_\theta,\vec{e}_\phi$の全てが、$r$方向に移動しても向きが変わらないからである(「上」に移動しても、「上」「南」「東」という向きは変わらない。1階と2階で東西南北が変わっては困る)。

第 2 項の $\vec{\mathrm{e}}_\theta \dfrac{1}{r}\dfrac{\partial}{\partial \theta}$ については、$\vec{\mathrm{e}}_r$ の θ 微分は 0 ではないことが以下のようにわかる。

図にあるように、$\Delta\theta$ が $\Delta\theta$ 変化すると、新しい $\vec{\mathrm{e}}_{r新}$（図では、青で書いているのが新らしい方）は元のベクトルで書くと、

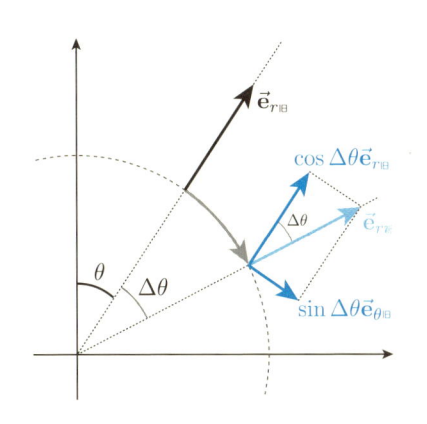

$$\vec{\mathrm{e}}_{r新} = \cos\Delta\theta\,\vec{\mathrm{e}}_{r旧} + \sin\Delta\theta\,\vec{\mathrm{e}}_{\theta旧}$$

となる。これから、$\vec{\mathrm{e}}_{r新} - \vec{\mathrm{e}}_{r旧}$ を計算して $\Delta\theta$ で割ってから $\Delta\theta \to 0$ の極限をとれば、

$$\frac{\partial}{\partial \theta}\vec{\mathrm{e}}_r = \vec{\mathrm{e}}_\theta$$

である。$\displaystyle\lim_{\Delta\theta\to 0}\cos\Delta\theta = 1$ と、$\displaystyle\lim_{\Delta\theta\to 0}\frac{\sin\Delta\theta}{\Delta\theta} = 1$ に注意しよう。

あるいは、右の図のように $\vec{\mathrm{e}}_{r新} - \vec{\mathrm{e}}_{r旧}$ というベクトルを考えると、このベクトルは長さが $\Delta\theta$ で $\vec{\mathrm{e}}_\theta$ 方向を向いたベクトルになっている。

なお、別の計算方法としては、

$$\vec{\mathrm{e}}_r = \frac{1}{r}(x\vec{\mathrm{e}}_x + y\vec{\mathrm{e}}_y + z\vec{\mathrm{e}}_z) = \sin\theta\cos\phi\,\vec{\mathrm{e}}_x + \sin\theta\sin\phi\,\vec{\mathrm{e}}_y + \cos\theta\,\vec{\mathrm{e}}_z$$

と書き表しておいて θ で微分するという方法もある。やってみると、

疑問 ❼ 極座標ラプラシアン、なぜあんな形に？

$$\frac{\partial}{\partial \theta}\vec{e}_r = \cos\theta\cos\phi\vec{e}_x + \cos\theta\sin\phi\vec{e}_y - \sin\theta\vec{e}_z$$

であって、これは$\vec{e}_\theta$である。

つまりは、

$$\vec{e}_\theta \frac{1}{r}\frac{\partial}{\partial \theta} \cdot \vec{e}_r \frac{\partial}{\partial r}$$

の中から、(最初見逃していた)

$$\vec{e}_\theta \frac{1}{r} \cdot \underbrace{\left(\frac{\partial}{\partial \theta}\vec{e}_r\right)}_{=\vec{e}_\theta} \frac{\partial}{\partial r}$$

が出てきて、$\vec{e}_\theta \cdot \vec{e}_\theta = 1$ から

$$\frac{1}{r}\frac{\partial}{\partial r}$$

というおつりが出ることになる。

$\vec{e}_\theta$をθで微分すると答えは$-\vec{e}_r$になる。それは次のような図を描けば理解できる。

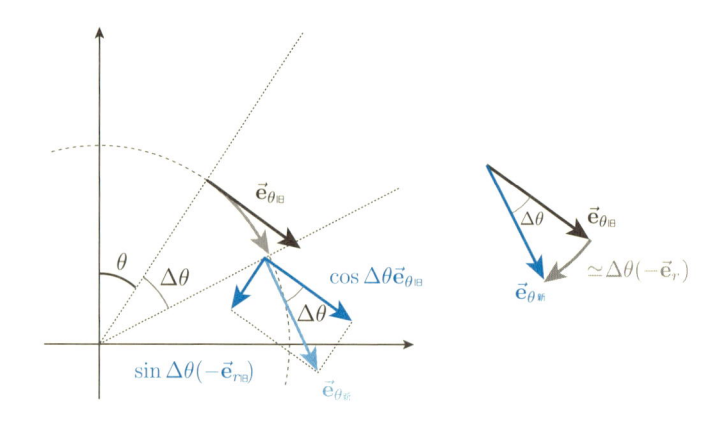

よって、
$$\left(\vec{e}_\theta \frac{1}{r}\frac{\partial}{\partial \theta}\right) \cdot \left(\vec{e}_\theta \frac{1}{r}\frac{\partial}{\partial \theta}\right)$$

は、
$$-\vec{e}_\theta \cdot \frac{1}{r}\vec{e}_r \frac{1}{r}\frac{\partial}{\partial \theta}$$

という項を含む。しかし、内積をとると0になるので、この部分は効かない。

次に$\vec{e}$をθで微分する項を考えよう。$\vec{e}_\phi$はθが変化しても変化しない(南北に動いても「東」という向きは変化しない)。$\frac{\partial}{\partial \theta}\vec{e}_\phi$は0である。

θが大きい方向(より「南」)に移動しても、$\vec{e}_\phi$の向き(「東」の方向)は変化していない

左の括弧内のうち、最後の項、$\vec{e}_\phi \frac{1}{r\sin\theta}\frac{\partial}{\partial \phi}$が後ろにかかるとどうなるかを考えてみる。

数式で考えるならば、
$$\begin{aligned}\vec{e}_r &= \sin\theta\cos\phi\vec{e}_x + \sin\theta\sin\phi\vec{e}_y + \cos\theta\vec{e}_z \\ \vec{e}_\theta &= \cos\theta\cos\phi\vec{e}_x + \cos\theta\sin\phi\vec{e}_y - \sin\theta\vec{e}_z \\ \vec{e}_\phi &= -\sin\phi\vec{e}_x + \cos\phi\vec{e}_y\end{aligned}$$

を微分して考えていけばよい。

$$\frac{\partial}{\partial \phi}\vec{e}_r = -\sin\theta\sin\phi\vec{e}_x + \sin\theta\cos\phi\vec{e}_y$$

$$\frac{\partial}{\partial \phi}\vec{e}_\theta = -\cos\theta\sin\phi\vec{e}_x + \cos\theta\cos\phi\vec{e}_y$$

$$\frac{\partial}{\partial \phi}\vec{e}_\phi = \cos\phi\vec{e}_x + \sin\phi\vec{e}_y$$

という計算結果が出るが、実際に必要なのは$\vec{e}_\phi = -\sin\phi\vec{e}_x + \cos\phi\vec{e}_y$と内積をとった結果のみであるから、それを計算すると

$$\vec{e}_\phi \cdot \frac{\partial}{\partial \phi}\vec{e}_r = \sin\theta\sin^2\phi + \sin\theta\cos^2\phi = \sin\theta$$

$$\vec{e}_\phi \cdot \frac{\partial}{\partial \phi}\vec{e}_\theta = \cos\theta\sin^2\phi + \cos\theta\cos^2\phi = \cos\theta$$

$$\vec{e}_\phi \cdot \frac{\partial}{\partial \phi}\vec{e}_\phi = -\sin\phi\cos\phi + \cos\phi\sin\phi = 0$$

という答が出る。これから、

$$\vec{e}_\phi \cdot \frac{1}{r\sin\theta}\frac{\partial}{\partial \phi}\vec{e}_r \frac{\partial}{\partial r}$$

のところからは、

$$\frac{1}{r}\frac{\partial}{\partial r}$$

というおつりが出る。

また、

$$\vec{e}_\phi \cdot \frac{1}{r\sin\theta}\frac{\partial}{\partial \phi}\vec{e}_\theta \frac{1}{r}\frac{\partial}{\partial \theta}$$

からは、

$$\frac{\cos\theta}{r^2\sin\theta}\frac{\partial}{\partial \theta}$$

というおつりが出る。図を描いて考える方法ももちろんある。右の図のように ϕ を変化させた時のベクトルの変化を考えればよい。

$\vec{e}_\phi$ の変化は軸の中心方向を向く。これは $\vec{e}_\theta$ を θ 方向に動かした時の変化が中心を向いたことと全く同様である。

ϕ を変化させると、$\vec{e}_r$ $\vec{e}_\theta$ $\vec{e}_\phi$ の全てが向きが変わる

つまり、$\vec{e}_\phi$ の変化の方向は $\vec{e}_\phi$ と直交するから、最後で $\vec{e}_\phi$ と内積を計算する時に消えてしまって、結果には効かない。

$\vec{e}_r, \vec{e}_\theta$ は ϕ を変化させると回転するが、z 方向の成分は変化しない。右の図のように考えると、$\vec{e}_r$ に関しては長さ $\sin\theta$ のベクトルが、$\vec{e}_\theta$ に関しては長さ $\cos\theta$ のベクトルが回転していると思えばよいので、変化の大きさはそれぞれ $\sin\theta\Delta\phi$, $\cos\theta\Delta\phi$ になる。

よって、

$$\frac{\partial}{\partial \phi}\vec{e}_r = \sin\theta\vec{e}_\phi, \quad \frac{\partial}{\partial \phi}\vec{e}_\theta = \cos\theta\vec{e}_\phi$$

と結論できる。これから出るおつりは、

$$\frac{1}{r}\frac{\partial}{\partial r} \quad \text{と} \quad \frac{\cos\theta}{r^2\sin\theta}\frac{\partial}{\partial \theta}$$

となる。

結局、$\dfrac{1}{r}\dfrac{\partial}{\partial r}$ が2個と、$\dfrac{\cos\theta}{r^2\sin\theta}\dfrac{\partial}{\partial\theta}$ という3つのおつりが出た。これを合わせることで、正しいラプラシアンが出る。

結局のところ、

> **☞ おつりが出る理由**
> Because..
>
> 基底ベクトルが場所によって違う方向を向いているから、微分しても0じゃないことを忘れるな！

とまとめられるだろう。

👍 第2の方法：変分法を使え

次に、「物理で使う計算方法で座標変換に強いものといえば？」と考えてみよう。答は「変分法」である。そこで、変分法を使って、ポアッソン方程式

$$\Delta f = \rho$$

が出るような「作用」を考えてみる。直交座標ならこれは簡単に作れて、

$$\int \mathrm{d}x\mathrm{d}y\mathrm{d}z \left(\frac{1}{2}\left(\frac{\partial f}{\partial x}\right)^2 + \frac{1}{2}\left(\frac{\partial f}{\partial y}\right)^2 + \frac{1}{2}\left(\frac{\partial f}{\partial z}\right)^2 + \rho f\right)$$

である[*1]。

---

*1 「(なにか)を積分する」ということの書き方には $\int \mathrm{d}x$ (なにか) とする方法と、$\int$ (なにか) $\mathrm{d}x$ とする方法と、2つあるが、どっちも意味は全く同じ。

この作用からオイラー・ラグランジュ方程式を作ると確かに、

$$\left(\frac{\partial^2}{\partial x^2} + \frac{\partial^2}{\partial y^2} + \frac{\partial^2}{\partial z^2}\right)f = \rho$$

になる。この計算を少しまじめに書いておく。オイラー・ラグランジュ方程式を作るには、作用のfに$f+\delta f$を代入したものを作り、それから元の作用を引く。そうしておいて出た答えのδfの1次までを取り、それが0になると置く。これを実行すると、

$$\int \mathrm{d}x\mathrm{d}y\mathrm{d}z \left(\frac{1}{2}\left(\frac{\partial(f+\delta f)}{\partial x}\right)^2 + \frac{1}{2}\left(\frac{\partial(f+\delta f)}{\partial y}\right)^2 + \frac{1}{2}\left(\frac{\partial(f+\delta f)}{\partial z}\right)^2\right.$$
$$\left. + \rho(f+\delta f)\right) - \int \mathrm{d}x\mathrm{d}y\mathrm{d}z \left(\frac{1}{2}\sum_i (\partial_i f)^2 + \rho f\right)$$
$$= \int \mathrm{d}x\mathrm{d}y\mathrm{d}z \left(\frac{\partial \delta f}{\partial x}\frac{\partial f}{\partial x} + \frac{\partial \delta f}{\partial y}\frac{\partial f}{\partial y} + \frac{\partial \delta f}{\partial z}\frac{\partial f}{\partial z}\right.$$
$$\left. + \frac{1}{2}\left(\frac{\partial \delta f}{\partial x}\right)^2 + \frac{1}{2}\left(\frac{\partial \delta f}{\partial y}\right)^2 + \frac{1}{2}\left(\frac{\partial \delta f}{\partial z}\right)^2 + \rho \delta f \right)$$

ここで、δfの2次以上は無視すると、

$$= \int \mathrm{d}x\mathrm{d}y\mathrm{d}z \left(\frac{\partial \delta f}{\partial x}\frac{\partial f}{\partial x} + \frac{\partial \delta f}{\partial y}\frac{\partial f}{\partial y} + \frac{\partial \delta f}{\partial z}\frac{\partial f}{\partial z} + \rho \delta f\right)$$

$$= \int \mathrm{d}x\mathrm{d}y\mathrm{d}z \left(-\delta f\frac{\partial^2 f}{\partial^2 x} - \delta f\frac{\partial^2 f}{\partial y^2} - \delta f\frac{\partial^2 f}{\partial z^2} + \rho \delta f\right)$$

となる。最後の行では部分積分を使った。これが任意のδfに対して0となるためには、

$$\left(\frac{\partial^2}{\partial x^2} + \frac{\partial^2}{\partial y^2} + \frac{\partial^2}{\partial z^2}\right)f = \rho$$

でなくてはならない。

では、この計算を極座標でやるとどうなるだろうか？？

直交座標では $\frac{\partial}{\partial x}, \frac{\partial}{\partial y}, \frac{\partial}{\partial z}$ であった3つの∂は、極座標では $\frac{\partial}{\partial r}, \frac{1}{r}\frac{\partial}{\partial \theta}, \frac{1}{r\sin\theta}\frac{\partial}{\partial \phi}$ の3つとなる。すると、作用を直交座標の場合と同じように

$$\int \underbrace{\mathrm{d}r\mathrm{d}\theta\mathrm{d}\phi r^2 \sin\theta}_{\mathrm{d}x\mathrm{d}y\mathrm{d}z\text{ の代わり}} \left(\frac{1}{2}\left(\frac{\partial f}{\partial r}\right)^2 + \frac{1}{2}\left(\frac{1}{r}\frac{\partial f}{\partial \theta}\right)^2 + \frac{1}{2}\left(\frac{1}{r\sin\theta}\frac{\partial f}{\partial \phi}\right)^2 + \rho f \right)$$

と書くことができる。この式からオイラー・ラグランジュ方程式を作ろう。うかうかしていると、直交座標と同様の計算になるように思うかもしれない。しかし、最後の部分積分で直交座標と極座標の差が出るのである。部分積分をする前までは直交座標の場合と同様の計算なので、その式を書くと、

$$= \int \mathrm{d}r\mathrm{d}\theta\mathrm{d}\phi r^2 \sin\theta \left(\frac{\partial \delta f}{\partial r}\frac{\partial f}{\partial r} + \frac{1}{r^2}\frac{\partial \delta f}{\partial \theta}\frac{\partial f}{\partial \theta} + \frac{1}{r^2 \sin^2\theta}\frac{\partial \delta f}{\partial \phi}\frac{\partial f}{\partial \phi} + \rho \delta f \right)$$

となる。この次の部分積分で、直交座標とは決定的な違いが出る。

なぜなら、極座標の場合、積分要素は$\mathrm{d}x\mathrm{d}y\mathrm{d}z$ではなく、$\mathrm{d}r\mathrm{d}\theta\mathrm{d}\phi r^2\sin\theta$である。ゆえに、部分積分すると、この$r^2\sin\theta$をも微分せねばならない。よって、

$$= \int \mathrm{d}r\mathrm{d}\theta\mathrm{d}\phi \left(-\delta f \frac{\partial}{\partial r}\left(r^2 \sin\theta \frac{\partial f}{\partial r}\right) - \delta f \frac{\partial}{\partial \theta}\left(r^2 \sin\theta \frac{1}{r^2}\frac{\partial f}{\partial \theta}\right) \right.$$
$$\left. - \delta f \frac{\partial}{\partial \phi}\left(r^2 \sin\theta \frac{1}{r^2 \sin^2\theta}\frac{\partial f}{\partial \phi}\right) + \rho \delta f \right)$$

のように部分積分される。微分と関係ない量を外に出した後、もう一度最初の積分要素が$drd\theta d\phi r^2\sin\theta$の形になるようにすると、

$$= \int drd\theta d\phi r^2 \sin\theta \left(-\delta f \frac{1}{r^2}\frac{\partial}{\partial r}\left(r^2\frac{\partial f}{\partial r}\right) - \delta f \frac{1}{r^2\sin\theta}\frac{\partial}{\partial \theta}\left(\sin\theta\frac{\partial f}{\partial \theta}\right) \right.$$
$$\left. -\delta f \frac{1}{r^2\sin^2\theta}\frac{\partial}{\partial \phi}\left(\frac{\partial f}{\partial \phi}\right) + \rho\delta f \right)$$

とまとまる。

括弧内をδfで割って[*2]、

$$-\frac{1}{r^2}\frac{\partial}{\partial r}\left(r^2\frac{\partial f}{\partial r}\right) - \frac{1}{r^2\sin\theta}\frac{\partial}{\partial \theta}\left(\sin\theta\frac{\partial f}{\partial \theta}\right) - \frac{1}{r^2\sin^2\theta}\frac{\partial^2}{\partial \phi^2} + \rho = 0$$

が極座標でのポアッソン方程式だということになる。この式の第一項は$-\triangle f$である。$\triangle$とはつまり、

1. $\dfrac{\partial}{\partial r}$または$\dfrac{1}{r}\dfrac{\partial}{\partial \theta}$または$\dfrac{1}{r\sin\theta}\dfrac{\partial}{\partial \phi}$をかけて微分して、
2. $r^2\sin\theta$をかけ、
3. もう一度同じ微分演算子をかけて微分した後、
4. $r^2\sin\theta$で割る。
5. 以上を3つの微分でやった結果を足す。

という計算なのだ。$\dfrac{\partial}{\partial r}$に対しては

$$\frac{1}{r^2\sin\theta}\frac{\partial}{\partial r}\left(r^2\sin\theta\frac{\partial}{\partial r}f\right) = \frac{1}{r^2}\frac{\partial}{\partial r}\left(r^2\frac{\partial}{\partial r}f\right)$$

---

*2 正確にいうと、ここでやった計算は単なる割り算ではない。δfが任意の微小な関数であるから、δfの前についている係数が0にならない限りこの積分は0にならない、ということを使っている。

という計算になる。$\sin\theta$ は r 微分を通り抜けるから、関係なくなる。同じことを $\frac{1}{r}\frac{\partial}{\partial\theta}, \frac{1}{r\sin\theta}\frac{\partial}{\partial\phi}$ でやると、

$$\frac{1}{r^2\sin\theta}\frac{1}{r}\frac{\partial}{\partial\theta}\left(r^2\sin\theta\frac{1}{r}\frac{\partial}{\partial\theta}f\right) = \frac{1}{r^2\sin\theta}\frac{\partial}{\partial\theta}\left(\sin\theta\frac{\partial}{\partial\theta}f\right)$$

$$\frac{1}{r^2\sin\theta}\frac{1}{r\sin\theta}\frac{\partial}{\partial\phi}\left(r^2\sin\theta\frac{1}{r\sin\theta}\frac{\partial}{\partial\phi}f\right) = \frac{1}{r^2\sin^2\theta}\frac{\partial^2}{\partial\phi^2}f$$

となる。和を取れば、求めたかった極座標のラプラシアンのできあがり。結局、

👉 おつりが出る理由
Because..

直交座標の体積積分は $dxdydz$ だが、極座標では $drd\theta d\phi r^2\sin\theta$ であって、部分積分の時に $r^2\sin\theta$ がひっかかる。

ということで納得できる。

例えば、3次元円筒座標を使うなら体積要素は

$$dxdydz = drd\theta dzr$$

であり、3つの微分は $\frac{\partial}{\partial r}, \frac{1}{r}\frac{\partial}{\partial\theta}, \frac{\partial}{\partial z}$ である。円筒座標のラプラシアンは

$$\triangle = \frac{1}{r}\frac{\partial}{\partial r}\left(r\frac{\partial}{\partial r}\right) + \frac{1}{r^2}\frac{\partial^2}{\partial\theta^2} + \frac{\partial^2}{\partial z^2}$$

となる。

このようにして一見変なおつりが出てくる理由をちゃんと理解し

てしまえば、どんな曲線座標が出てきてもラプラシアンがどうなるかはすぐにわかるはずである。

　この考え方は、変分法やオイラー・ラグランジュ方程式に不慣れな人にとってはとっつきにくいとは思うが、いったんこの考え方に慣れてしまいさえすれば、一番簡単な計算方法である。逆に言えば、変分法というのはそれだけ強力な道具なのだ。

疑問 8 　z と z^* はなぜ「独立」なの？？

　たいていの理工系（特に数学を駆使する学問）の大学では、複素関数を使った数学について習う。物理で計算すべき量は実数なのに、なんでこんなに複素数に関する計算をやるのか、悩んでしまう人は多いだろう。それはそれで解決すべき疑問なのだが、ここではもっと初歩的な疑問、

> どうして「z と z^* は独立だ」と言うのだろう？——z^* は z の複素共役なのだから、z が変化すれば、z^* も変化するに決まっているじゃないか！！——それなのに z^* を z で微分すると答は0だなんて！！

を取り上げる。

　これもよくある"疑問"であるが、この疑問に正しい答えを持ってないまま複素関数を勉強している人がいかに多いことか！[*1]

　「a と b が独立だ」と言われたら、それは「a を変化させても b は変化しない（およびこの逆）」という意味だと思いたい[*2]ところだが、z と z^* の場合はそうではないのである。

　この問題の答は、疑問❸でも述べた「**2次元以上では、微分に方向がある**」という点を理解してないとわからないだろう。そう、複素数は $z = x + iy$ というふうに、実数部と虚数部という2つの成分

---

*1　例によって、昔の筆者もその例に漏れない。
*2　「という意味である」ではなく「という意味だと思いたい」であることに注意。

を持つ、**一種の2次元ベクトル**なのである。だから微分する時には「どっちの方向に微分しているのか？」という点に注意する必要がある。

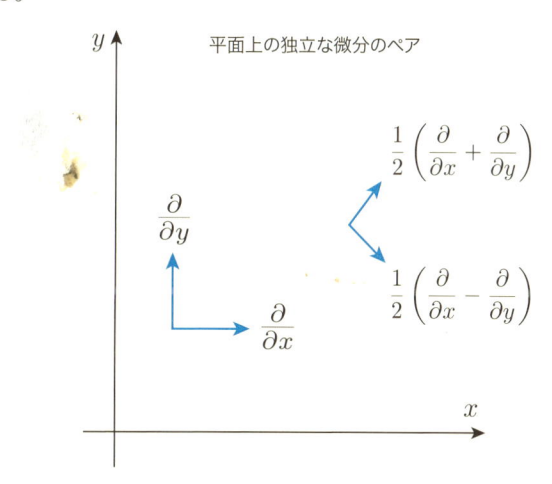

平面上の独立な微分のペア

$$\frac{1}{2}\left(\frac{\partial}{\partial x} + \frac{\partial}{\partial y}\right)$$

$$\frac{1}{2}\left(\frac{\partial}{\partial x} - \frac{\partial}{\partial y}\right)$$

$\frac{\partial}{\partial y}$

$\frac{\partial}{\partial x}$

複素数 z と考えず、x, y という2つの実数と考えた時、微分は「x 方向の微分」と「y 方向の微分」がある。いやそれだけではなく、斜めの微分だってある（上の図参照）。

では複素数の微分とはどの方向の微分なのか？

複素数が2次元の量だと言われたら「じゃあ微分の方向は？」と問いたくなるだろう。そこで、「複素数 z による微分 $\frac{\partial}{\partial z}$ ってなんだろう？」というところに戻って考えよう。実数の微分と同じように、

$$\frac{\partial f(z)}{\partial z} = \lim_{\Delta z \to 0} \frac{f(z + \Delta z) - f(z)}{\Delta z}$$

という定義でいいんだろうか？[*3]

「いい」と言えばいいのだが、もう少しちゃんと考えておいたほうがいい。

単純に考えると「x方向の微分」$\frac{\partial}{\partial x}$と、「$y$方向の微分」$\frac{\partial}{\partial y}$が独立な2つの方向の微分である。$z = x + \mathrm{i}y$であることを考えると、$z$微分とは「$x$方向の微分」$\frac{\partial}{\partial x}$か「$\mathrm{i}y$方向の微分」$\frac{\partial}{\partial (\mathrm{i}y)} = -\mathrm{i}\frac{\partial}{\partial y}$か、のどちらか（いや両方か？）ということになりそうだ。

ではこのどっちなのか？―それに答える前に、1つの事実を指摘しておく。実は（後で示す例外を除いて）zのみで書けている関数ならば、xで微分しても、$\mathrm{i}y$で微分しても同じ結果になり、$\frac{\partial}{\partial z} = \frac{\partial}{\partial x}$と書いても $\frac{\partial}{\partial z} = -\mathrm{i}\frac{\partial}{\partial y}$と書いても $\frac{1}{2}\left(\frac{\partial}{\partial x} - \mathrm{i}\frac{\partial}{\partial y}\right)$と書いても、どれでもいい、ということになる。

$f(z)$をxで微分すれば、

$$\frac{\partial}{\partial x}f(z) = \frac{\partial z}{\partial x}\frac{\partial f(z)}{\partial z} = \frac{\partial f(z)}{\partial z}$$

$\mathrm{i}y$で微分すれば、

$$\frac{\partial}{\partial (\mathrm{i}y)}f(z) = \frac{\partial z}{\partial (\mathrm{i}y)}\frac{\partial f(z)}{\partial z} = \frac{\partial f(z)}{\partial z}$$

であるから、zで書かれていればどっちで微分しても同じだ、というのはごもっともに思える。

そうでない例を挙げよう。例えば、xはxで微分すると1、$\mathrm{i}y$

[*3] ここで、微分記号を∂にしている。複素微分ではdのほうを使うことも多いが、それは複素関数を微分する多くの場合、「もうz^*は使わない」と決めてしまっているので、偏微分にする必要はないからである。

で微分すると0である。$z = x + iy$, $z^* = x - iy$であるから、$x = \frac{1}{2}(z + z^*)$ である。xは「zとz^*の両方を使って書かれる関数」なのである。

ところで、zで書かれていても微分が方向によって一致しない例もある。その1つの例が$z = 0$ における$\frac{1}{z}$のような、いわゆる「特異点」である。計算してみよう。

$$\frac{\partial}{\partial x}\left(\frac{1}{x+iy}\right) = \frac{-1}{(x+iy)^2}$$

$$-i\frac{\partial}{\partial y}\left(\frac{1}{x+iy}\right) = -i\frac{-i}{(x+iy)^2} = \frac{-1}{(x+iy)^2}$$

なんだ、同じじゃないか、と思うかもしれない。確かにx, yがどちらも0でない場合は同じなのだが、

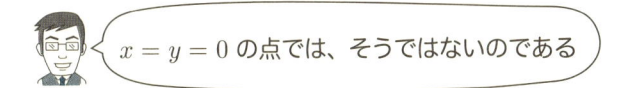

$x = y = 0$ の点では、そうではないのである

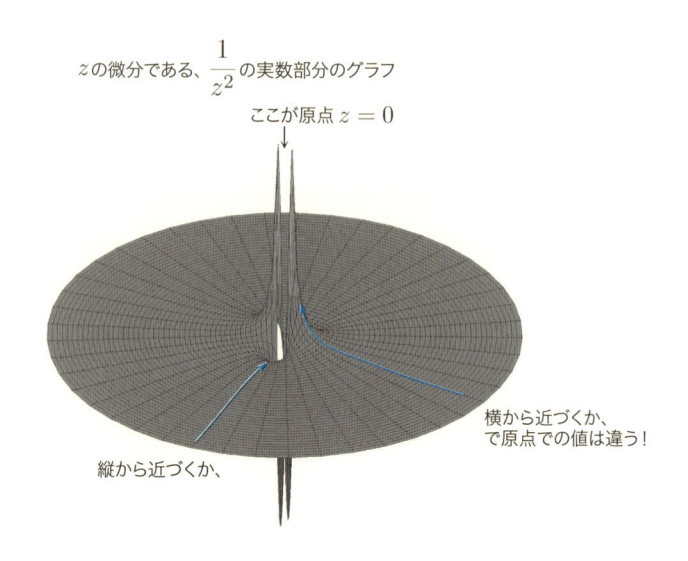

zの微分である、$\dfrac{1}{z^2}$ の実数部分のグラフ

ここが原点 $z=0$

縦から近づくか、

横から近づくか、で原点での値は違う！

xで微分する場合、先に$y=0$ にした後で$x\to 0$の極限を取るから、$\lim\limits_{x\to 0}\dfrac{1}{x^2}=\infty$ となる。

一方、先に$x=0$にした後で$y\to 0$ の極限を取ると、$\lim\limits_{y\to 0}\dfrac{1}{-y^2}=-\infty$ となる。

つまり極限の取り方で答えが変わってしまう。こういう例外を除くと、「zで書かれた関数」は「xで微分しても、iyで微分しても答は同じ」と考えてよい。

👍 では、z微分をどう表すか

上で、「zだけで書かれた関数なら、$\dfrac{\partial}{\partial x}$ と $\dfrac{\partial}{\partial (iy)}$ には差がない」ということを書いた。ここで

$$\frac{\partial}{\partial z} = \frac{1}{2}\left(\frac{\partial}{\partial x} - \mathrm{i}\frac{\partial}{\partial y}\right)$$

のようにz微分を「$\dfrac{\partial}{\partial x}$と$\dfrac{\partial}{\partial (\mathrm{i}y)}$を足して2で割ったもの」と考える。つまりは、$x$微分と$\mathrm{i}y$微分の「平均」である。

微分されるものがzの関数なら、これは$\dfrac{\partial}{\partial x}$や$\dfrac{\partial}{\partial (\mathrm{i}y)}$と同じである。

> では相手がzのみの関数ではなかったら？

z^*に、上で定義されたz微分を行うと、

$$\underbrace{\frac{1}{2}\left(\frac{\partial}{\partial x} - \mathrm{i}\frac{\partial}{\partial y}\right)}_{=\frac{\partial}{\partial z}}\underbrace{(x - \mathrm{i}y)}_{=z^*} = \frac{1}{2}\Big(\underbrace{\frac{\partial}{\partial x}x}_{=1} - \mathrm{i}\underbrace{\frac{\partial}{\partial y}(-\mathrm{i}y)}_{=1}\Big) = 0$$

となって、ちゃんと$\dfrac{\partial}{\partial z}z^* = 0$になるのである。$z^*$を変化させずに$z$を変化させることはできないが、$z^*$を$z$で微分すると、0になる。$z$で微分する時に$z^*$のことは気にしなくてよいという意味で、「$z$と$z^*$は独立である」ということが納得できるだろう。

何度か書いたように、複素数は実数で考えると2次元ベクトルのようなものであるから、微分の方向が2つあっていい。

その2つの「独立な微分」を、(85ページの図のように)

「$\dfrac{\partial}{\partial x}$と$\dfrac{\partial}{\partial y}$」

にしてもいいし、

「$\dfrac{1}{2}\left(\dfrac{\partial}{\partial x} + \dfrac{\partial}{\partial y}\right)$と$\dfrac{1}{2}\left(\dfrac{\partial}{\partial x} - \dfrac{\partial}{\partial y}\right)$」

としてもよい。あえて複素数の係数を使って、「$\frac{1}{2}\left(\frac{\partial}{\partial x} - i\frac{\partial}{\partial y}\right)$と$\frac{1}{2}\left(\frac{\partial}{\partial x} + i\frac{\partial}{\partial y}\right)$」を「2つの独立な微分」としてもよい。逆に、$\frac{\partial}{\partial z}$だけ、$\frac{\partial}{\partial z^*}$だけでは、複素平面の微分を表せ尽くせていない。

図で表現することができた上の2つと違って、複素数が混じった微分である$\frac{\partial}{\partial z}$は、「絵にも描けない方向」への微分となってしまうが、「独立」という条件はちゃんと満たしている。

👍 ある関数がzのみの関数であることの意味

さて、一般の関数はx, y両方の関数であるから、当然z, z^*の両方の関数である。

「zだけの関数」というのは、「特殊な関数」なのに、そんな「特殊な関数」だけを考えることに意味があるの?

実は大きな意味があるんだよ、ということを示すために、複素数の関数$f(x, y) = g(x, y) - ih(x, y)$(ここで、$g(x, y), h(x, y)$は実数の関数)を考えよう[*4]。

$f = g - ih$がzのみに関数であれば、z^*で微分したら0になる。このことを、数式でまじめに書いてみよう。

$\frac{\partial}{\partial z^*} = \frac{1}{2}\left(\frac{\partial}{\partial x} + i\frac{\partial}{\partial y}\right)$であるから

---

*4 hの前にマイナスがついているが、hという関数をどう定義するかは自由なので、別に悪いことをしているわけではない。マイナスをつけておいた理由は後でちゃんと言うので少しがまんしてほしい。

$$\underbrace{\frac{1}{2}\left(\frac{\partial}{\partial x}+\mathrm{i}\frac{\partial}{\partial y}\right)}_{=\frac{\partial}{\partial z^*}}(g-\mathrm{i}h) = 0$$

$$\frac{1}{2}\left[\frac{\partial}{\partial x}(g-\mathrm{i}h)+\mathrm{i}\frac{\partial}{\partial y}(g-\mathrm{i}h)\right] = 0$$

$$\frac{1}{2}\left[\frac{\partial g}{\partial x}+\frac{\partial h}{\partial y}-\mathrm{i}\left(\frac{\partial h}{\partial x}-\frac{\partial g}{\partial y}\right)\right] = 0$$

ここで、$g = A_x$、$h = A_y$ としてみる。つまり、$f = A_x - \mathrm{i}A_y$ だったとしてみるのである。すると、

$$\frac{1}{2}\left[\underbrace{\frac{\partial A_x}{\partial x}+\frac{\partial A_y}{\partial y}}_{2\text{次元の div}}-\mathrm{i}\underbrace{\left(\frac{\partial A_y}{\partial x}-\frac{\partial A_x}{\partial y}\right)}_{2\text{次元の rot}}\right] = 0$$

となる。2次元では、div と rot は

$$\mathrm{div}\vec{A} = \frac{\partial A_x}{\partial x}+\frac{\partial A_y}{\partial y}, \quad \mathrm{rot}\vec{A} = \frac{\partial A_y}{\partial x}-\frac{\partial A_x}{\partial y}$$

となることに注意しよう[*5]。

つまり、$f = A_x - \mathrm{i}A_y$ が複素数で表現されたベクトルだとして、これが z の関数であって z^* の関数ではない（z^* で微分すると0になる）ならば、$\mathrm{rot}\vec{A} = \mathrm{div}\vec{A} = 0$ ということになる。

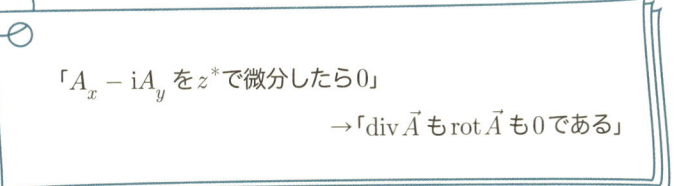

「$A_x - \mathrm{i}A_y$ を z^* で微分したら0」
　　　→「$\mathrm{div}\vec{A}$ も $\mathrm{rot}\vec{A}$ も0である」

＊5　2次元では rot はベクトルにならない。

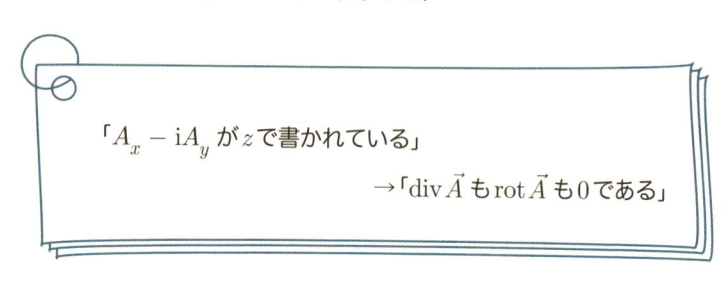

というルールを見つけたが、これに「zで書かれている」→「z^*で微分したら0」というルールをつなげると、

> 「$A_x - iA_y$ が z で書かれている」
> →「$\mathrm{div}\,\vec{A}$ も $\mathrm{rot}\,\vec{A}$ も 0 である」

という素晴らしいルールが導かれることになる。物理では div も rot も0になる関数の出番がけっこうあるので、それを複素数で表現できるということはとても価値のあることなのである(残念なのは2次元でしか使えないことだ)。

ここで、複素積分 $\int \mathrm{d}z f(z)$ なる量をちゃんと考えてみる。

$$\begin{aligned}\int \mathrm{d}z f(z) &= \int (\mathrm{d}x + i\mathrm{d}y)(A_x - iA_y) \\ &= \int \underbrace{(\mathrm{d}x A_x + \mathrm{d}y A_y)}_{=\mathrm{d}\vec{x}\cdot\vec{A}} - i\int \underbrace{(\mathrm{d}x A_y - \mathrm{d}y A_x)}_{=\mathrm{d}\vec{x}\times\vec{A}}\end{aligned}$$

となる。この $\mathrm{d}x A_x + \mathrm{d}y A_y$ は $\mathrm{d}\vec{x}$ と $\vec{A}$ の内積である[*6]。$\mathrm{d}x A_y - \mathrm{d}y A_x$ は $\mathrm{d}\vec{x}$ と $\vec{A}$ の外積である。

疑問❺の最後で書いたように、$\mathrm{rot}\,\vec{A} = 0$ ならば、線積分 $\int \mathrm{d}\vec{x}\cdot\vec{A}$ は積分路によらない。

[*6] $A_x - iA_y$ と、$\vec{A}$ を複素数で書いた式の iA_y の前にマイナス符号があるのは、$\mathrm{d}z$ とかけ算した時にちゃんと内積になるように、だったのである。

また、$\mathrm{d}\vec{x} \times \vec{A}$ は、$(\mathrm{d}x, \mathrm{d}y)$ という微小な線から $\vec{A}$ で表現される流れがどれだけ流出しているかを表現している。

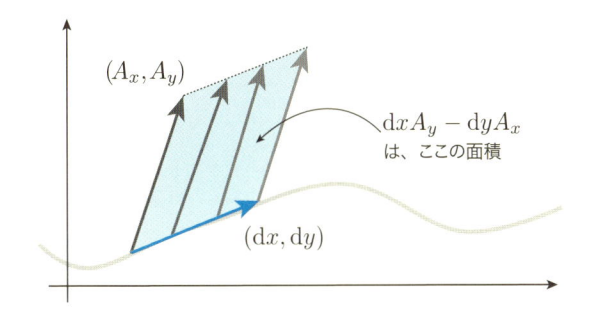

(A_x, A_y)

$\mathrm{d}x A_y - \mathrm{d}y A_x$ は、ここの面積

$(\mathrm{d}x, \mathrm{d}y)$

$\mathrm{div}\vec{A} = 0$ であれば、この「流れ出す」量も、積分路によらない。

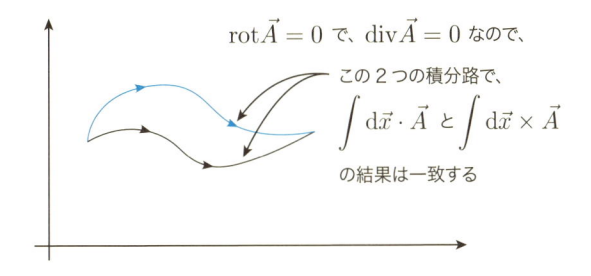

$\mathrm{rot}\vec{A} = 0$ で、$\mathrm{div}\vec{A} = 0$ なので、この2つの積分路で、

$$\int \mathrm{d}\vec{x} \cdot \vec{A} \text{ と } \int \mathrm{d}\vec{x} \times \vec{A}$$

の結果は一致する

すなわち、複素積分が積分路によらない（ただし、特異点は除く）という重要な性質が、「$f(z)$がzのみの関数である」という単純な事実の中に隠されているということになる。

複素数を使った計算はいろんな意味で面白いし、役に立つのだが、その面白さと有用性には、ここで説明した、

> ●複素数が実は2次元ベクトルである。
> ●「z^*で微分する」という計算の中に2次元ベクトルのrotやdivの計算が入っている。

ということが効いている。「z^*をzで微分したら0」という計算を、単なる計算ルールだと思ってしまってはいけないのである。

疑問 9 仮想仕事の原理って何？

たいていの解析力学の本の最初のほうに出てくるのがこの「仮想仕事の原理」なのだが、どうも難しい原理だと考えすぎてわかんなくなってしまっている人が多いんじゃないかと思える。って、えらそうに言っているが、実は昔の著者も、えらく難しい原理だと思い込んで、ずっと「わかんねえよ〜」と思っていたのである。

実は仮想仕事の原理というのはそんな難しいものではないのだ。以下のように導くことができる。ある物体に働く力がつりあっているとする。

式で書くなら、

つりあいの式

$$\vec{F}_1 + \vec{F}_2 + \vec{F}_3 + \cdots + \vec{F}_N = \vec{0}$$

である。この式に、適当なベクトル $\vec{x}$ をかける（かけるというのは内積の意味のかけ算である）。

仮想仕事の式

$$\vec{F}_1 \cdot \vec{x} + \vec{F}_2 \cdot \vec{x} + \vec{F}_3 \cdot \vec{x} + \cdots + \vec{F}_N \cdot \vec{x} = \vec{0} \cdot \vec{x} = 0$$

このベクトル$\vec{x}$を、「物体が動いた変位ベクトル（A点からB点に動いたとするなら、$-\overrightarrow{AB}$）」と考えれば、この式は「力がする仕事＝0」と解釈できる。つまり、つりあいの式というよく知られている式に、ベクトル$\vec{x}$をかけただけ。ほんとに、それだけなのである。

「$\vec{x}$をかけただけで新しい原理ができるなんて、なんて簡単なんだ！」と怒りたくなるぐらいに、簡単な話なのである。

実際には物体は動いたわけじゃないから、この仕事を**仮想仕事**と呼ぶことにすると、

> **仮想仕事の原理**
>
> 　　　力がつりあっている！　　仮想仕事＝0

とまとめることができる。実はこの逆も成立する。

仮想仕事の原理ってのはただこれだけのことである。とはいえ、いろいろ疑問が沸いてくるだろうから予想される疑問に答えておこう。

✋ 疑問その1
Question

逆、つまり「仮想仕事＝0 → 力がつりあっている」が成立するのはなぜ？

仮想仕事＝0は$\vec{F}\cdot\vec{x}=0$という1つの式だが、つりあいの式ってのは実は（3次元の話なら）x成分、y成分、z成分各々に関する、

3つの式 ($F_x = 0, F_y = 0, F_z = 0$) が連立した式である。だから、どうして1つの式と3つの式が等価になるのか？？ ──と不思議に思うかもしれない。しかし、$\vec{x}$ が任意のベクトルであることを考えるとこれでいいのである。例えばつりあいの式の3つのうち x 成分の式を出すためには、仮想仕事の式で $\vec{x}$ を、$(1, 0, 0)$ (x 成分だけ1で他は0) と選べばよい (y, z 成分も同じ)。どんな $\vec{x}$ を選んでも仮想仕事は0になるので、「仮想仕事 $= 0$」という1つの式で3つの式を表現していることになるのである。

疑問その2
Question

この説明だと、$\vec{x}$ はなんでもいいことになるけど、私の読んだ本には「運動が可能な方向に限る」と書いてあるけど？

運動が可能な方向に限るのは「そうすると便利だから」という理由と「そうしないと不自然だから」という理由がある。もう1つ、連動して動く物体について考える場合には注意が必要だが、それについては後で書く。

まず何が「便利だから」なのかを説明しよう。例えば（まさつのない）チューブの中に球が入れてあり、球はチューブ内を動くことができるが、そこから外に出ることはできないとする。

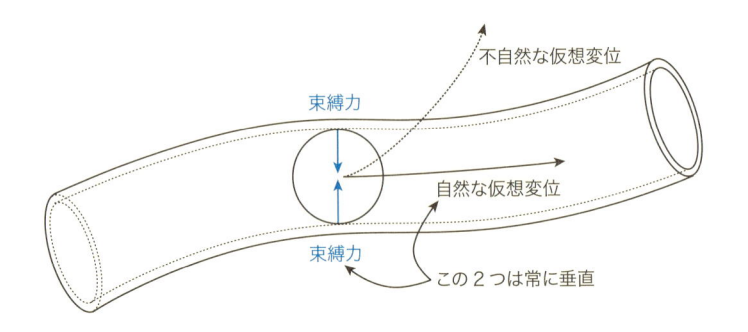

図中のラベル: 束縛力／不自然な仮想変位／自然な仮想変位／束縛力／この2つは常に垂直

　こういう場合、チューブに垂直な方向に力が働いて外に出るのを邪魔していることになる。こういう運動可能な方向に垂直な力というのは、物体が「運動可能な方向」にしか運動しないように制限を加えている力であると考えることができるので、「束縛力」と呼ぶ。運動が可能な方向、つまりチューブに平行な方向に $\vec{x}$ を取ると、$\vec{x}$ とこの力は垂直なので、内積を取ると0になって仮想仕事の式には入ってこない。どうせなら式に入ってくる力は少ないほうが解きやすいでしょ、ということだ。

　もう1つの理由(「不自然だから」のほう)は、今の場合運動が可能な方向以外に動かすということはチューブを突き破るということになって不自然(突き破っちゃったらもう力働かないでしょ！)だからである。しかし、(つりあいの式)から(仮想仕事の式)を作るのは単に x というベクトルをかけるだけの計算なので、x がどういうベクトルであるかなどとは無関係に、(つりあいの式)が成立すれば(仮想仕事の式)も成立する。ただ、実際に動かない方向を使って式を立てても、不自然でなおかつ扱いにくい(束縛力がある分未知数が多い)式が出てくるだけなので、そんなことはしないことが多い、というだけのことである。

疑問その3
Question

つりあいの式と仮想仕事の原理が上の「つりあいの式」と「仮想仕事の式」みたいに自明な関係だというのなら、仮想仕事の原理なんて使う理由は何よ？？

　理由その1は上に書いたことがヒントになる。$\vec{x}$ はなんでもいいが、「運動が可能な方向」に選ぶことで、上の例の垂直抗力のような、それに垂直な力は式に入ってこなくなる。束縛力は名前の通り運動を制限するように働く力なので、「重力ときたら mg」とか「ばねの力ときたら kx」のように簡単に求められない。物体を運動の制限された「道」からそらそうとする力が強ければ強くなるし、弱ければ弱くなる。それだけ、計算が面倒なのである。しかし、仮想仕事の原理を使うなら、面倒な束縛力が最初から式に出てこないように式がたてられる（これは仮想仕事の原理を使ったときには束縛力が計算できない、という意味ではない。束縛力が消えない方向への仮想変位だって考えていいからである）。

　理由その2は、つりあいの式がベクトルの式であるのに対し、仮想仕事の式はスカラーの式であるということだ。これで何がうれしいのかというと、スカラーの式は座標変換がやりやすいのである。

　最後の理由その3は、仮想仕事が「仕事」の形をしているために、途中で仕事が消耗してしまうようなことがない限り、複合系では内力にあたる力のする仕事は消しあってくれるということである。複雑な系の内側の事情を考えなくても計算ができるのである。

例えば右の図のような仮想変位を考えてみる。左の定滑車の場合、Mには重力と糸の張力の2つの力が働き、mにも同様に2つの力が働くので、結局4つの力が働いていることになる。しかし、仮想仕事で考えると、左の糸がする仕事と右の糸がする仕事は消しあってしまう（なぜなら、1本の糸だから張力は同じであり、運動方向は上下逆だから）。この「張力のする仕事は消しあう」ということに最初から気づいていれば、2つの重力のする仕事だけ考えればよいことになる。

動滑車の場合でも糸の張力のする仕事は消しあう。mの方の移動距離は、Mの移動距離の倍ある。しかし一方で、Mは2本の糸でひっぱられているので力が2倍である。仕事は（力）×（移動距離）である

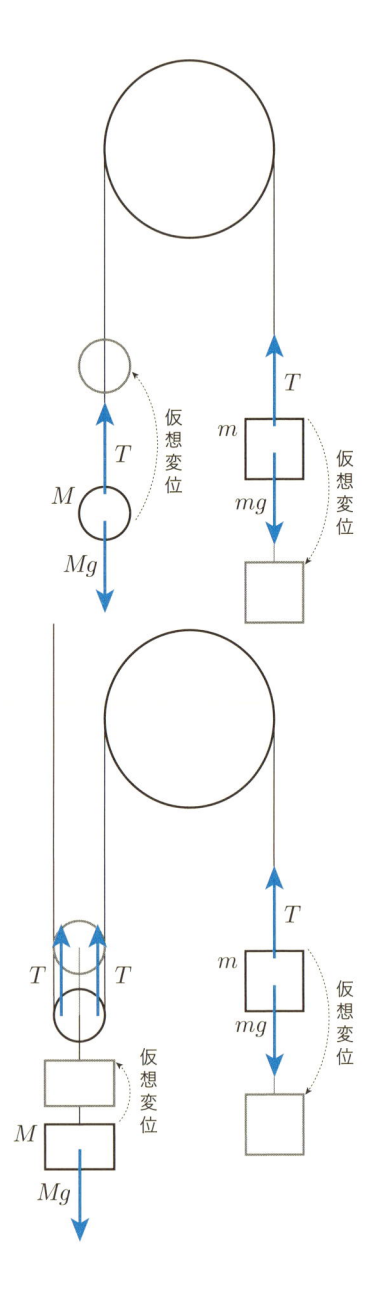

から、双方の仕事の大きさは等しくなる。符号は逆なので全体で消しあう。

　もっとややこしいメカニズムがごちゃごちゃしたようなものであっても、内力にあたる力のする仕事がうまく消しあっていることが保証されていれば、全体としての仮想仕事を考える時には内力を無視してよろしい、ということになる。なんて書くと「保証されるんだろうか？」と不安になるかもしれないが、たいていの場合保証される[*1]。これを「仕事の原理」という。これがないとエネルギー保存則が成立しなくなってしまう。

　このありがたみは「力」を考えている時には出てこない。例えば上の滑車の場合、定滑車ではおもりに働く力は同じ向きだから消えないし、動滑車では大きさも違ってしまってますます消えない。しかし、仕事ならばほぼ自明に消しあう。だから、仮想仕事の原理は複雑に物体が組み合わさっているような時により威力を発揮する。

仕事の原理が成り立つ例

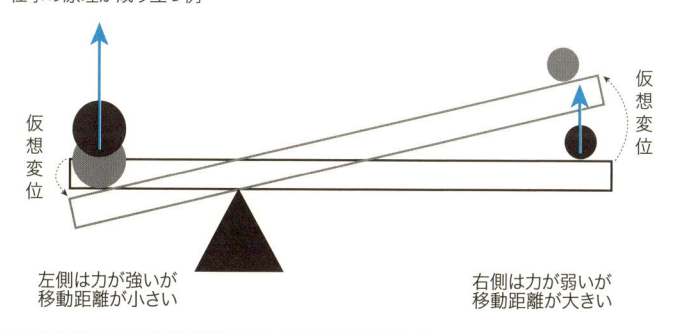

仮想変位

左側は力が強いが移動距離が小さい

仮想変位

右側は力が弱いが移動距離が大きい

＊1　保証されない時も、「仕事が減る」という方向であって、決して増やすことはできない。

なお、このように連結されている物体に対して考える時には、上で述べた「可能な方向に限る」という注意書きには「ちゃんと仕事の原理を満たすように動かしてね！」という意味が出てくる。滑車の糸の両方にぶらさがっている物体を両方とも上に上げたりしたら、全体として仮想仕事の原理を満たさなくなる。両方上に上げることはおもりを1個ずつ考えるなら可能だが、「滑車でつながった1個の物体」として考えるなら可能でない。仮想仕事の原理が成立するにはまず、仕事の原理が成立していなくてはいけない[*2]。

　仮想仕事の原理は、式の上では「単に$\vec{x}$をかけただけ」のものだが、その単純さの割りに、うまく使うことで複雑な問題を簡単化してくれる、ありがたい道具なのである。

---

*2　なお、仮想仕事の原理が先にあって「仕事の原理」はそれから導かれる、という考え方もできる。その考え方だと、「仮想仕事の原理」は冒頭に書いたような簡単な原理ではなく、根本的な原理だということになる。しかし、天下り的に仮想仕事の原理を与えるより、仕事の原理を経験則として導入する方がわかりやすいのではないかと思う。

疑問⑩ 最小作用の原理はどこからくるか？

解析力学には『最小作用の原理』というものがある。

作用（ラグランジアンの時間積分）が最小になるような運動が実現される運動である。

と表現される原理で、ラグランジアンはたいていの場合、

（運動エネルギー）−（位置エネルギー）

と表される。実際は最小とは限らない（ある局面を切り出して考えると最大値を取っていることもある）ので、「最小」というよりは「微分してゼロ」と考えるべきだ。

以下の文章では慣例に従って「最小」という言葉を何度か使うけど、それは「いろんな変化の方向のうち、ある方向では極小、ある方向では極大」（一言でいえば「鞍点」）とか「停留」とか書きたいところなのだ。というわけで以下の文章で「最小」と書いてあっても、それは「鞍点」もしくは「停留」の意味だと理解してほしい。

まぁそれはさておき。大学2年生あたり相手に解析力学の授業などをすると、このあたりに関してもっともよく受ける質問は

> どうしてこれが最小になるんですか？

> なんで位置エネルギーを足さずに引くんですか？

> こんなことを考えなくてはいけない理由はなんですか？

> で結局のところ、作用っていったいなんなんですか？

などなどである。

まず「どうしてこれが最小になるんですか」という問いに対して、ぶっちゃけた答をまず先に書いてみよう。

> 逆だっ。最小になるようなもんを探したらこれだったんだよっ！

びっくりしましたか？

では、「最小になるようなもんを探したらこれになる」というところをちゃんと通して説明しよう。

👍 まず静力学から考えよう

運動している物体を考える前に、物体が止まっていて、つりあいの状態になっている時を考えよう。つりあいの条件は、x, y, z それぞれの方向に働く力を F_x, F_y, F_z とした時、

$$F_x = 0, F_y = 0, F_z = 0$$

なのだが、疑問❾で書いた仮想仕事の原理から、ある方向(δx, δy, δz)への仮想変位を考えたとき、

$$F_x \delta x + F_y \delta y + F_z \delta z = 0$$

である、と言うこともできる。ここで、もし力が適当な位置エネルギーUを用いて

$$F_x = -\frac{\partial U}{\partial x}, F_y = -\frac{\partial U}{\partial y}, F_z = -\frac{\partial U}{\partial z}$$

で表されるような力(保存力)であったならば、この式はつまり、

$$-\frac{\partial U}{\partial x}\delta x - \frac{\partial U}{\partial y}\delta y - \frac{\partial U}{\partial z}\delta z = 0$$

すなわち、「Uの微分 = 0」と書ける。

👍 エネルギーの極大極小

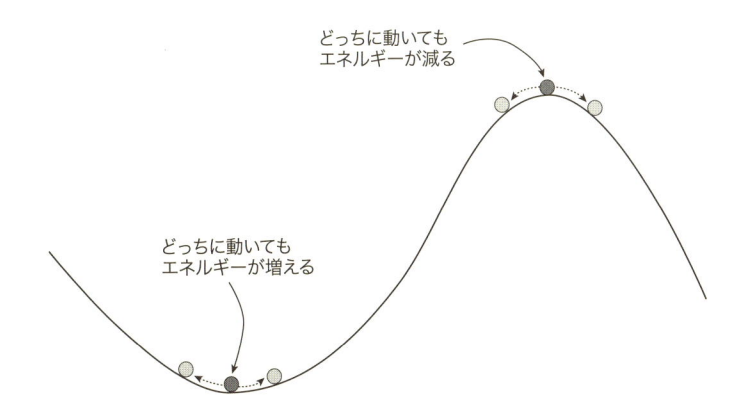

どっちに動いても
エネルギーが減る

どっちに動いても
エネルギーが増える

つまり「Uが極大か極小になっている場所がつりあいの位置」ということになる。これは「物体はエネルギーの低いほうに行きたがる」という考え方で理解できる。極小になっている場所ではどっちに行ってもエネルギーが上がってしまう。だからその場にとどまる。これがいわゆる1つの「つりあい」である。極大になっている場所ではどっちに行ってもエネルギーが下がる。どっちにも行きたいが、それがゆえに逆にどっちにも行かずとまっている状態（当然、不安定であり、ちょっとでもつつけば落ちてしまう）である。これも「つりあい」の一種である。

　表現の仕方はどうあれ、大事なことは「Uの微分＝0」が条件だということである。こういう条件にするのと、$F_x = 0, F_y = 0, F_z = 0$のように3方向の力が0だとするのと、どう違うのか。もし違いがないなら、Uなどという量を考える必要は何もない。しかし実際にはエネルギーというものを考えたほうが便利だ。1つの理由はUがスカラー量であって、座標変換に強い、ということである。例えば今x, y, zという直交座標で考えたものをr, θ, ϕという極座標で考えろ、と誰かに命令されたとすると、$\vec{F}$のほうは大変めんどうくさいことになるが、Uのほうなら比較的楽である。

　思いっきりぶっちゃけた話をしてしまえば、静力学の場合のポテンシャルというのは、「つりあいの場所で最低になるようなものを探したらこれだった」と思ってもよい。ポテンシャルには、「この位置に持ってくるために必要な仕事」という意味がちゃんとあって、つりあいの位置だけで役に立つわけではないので、ちょっとこれはぶっちゃけすぎてしまっているが。

以上で静力学の場合のポテンシャルというもののありがたさを説明したわけだが、そのありがたいポテンシャルのようなものを動力学の場合でも作れないだろうか、と考えてみる。

👍「経路」を動かす

　静力学では「仮想的に物体の位置を動かして…」と考えたわけだが、動力学では「仮想的に物体の経路をねじ曲げて…」と考える。

　経路をねじ曲げるには、xという「1つの数」を変化させるのではなく、$x(t)$という「1つの関数」の形を変化させねばならない。「経路」というのは1次元の広がりのある量（つまり、時空内に書かれた1本の線）なのだから当然だ。それに、静力学の場合、出てくる式は1つでよかったが、動力学の場合、時間によって$x(t)$が変化し、それに応じて働く力とかも出てくるから、出てくる式は時間の関数にならなくてはいけない。式をたくさん出すには、変化させるものもたくさんないとだめである。

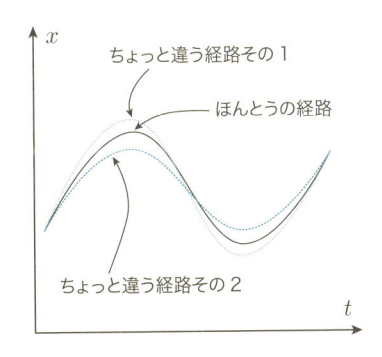

　静力学の場合のUはxの関数でよかった。動力学の場合のUにあたるものは作用Iだが、Iはすべての$x(t)$の関数でなくてはならない。具体的には、

$$I = \int L\left(x(t), \left(\frac{\mathrm{d}x(t)}{\mathrm{d}t}\right), t\right) \mathrm{d}t$$

のように L(ラグランジアン)の積分でなくてはならない。そのようになるラグランジアンの形が最初に書いた(運動エネルギー) – (位置エネルギー)なわけだ。

どうやってこの形を導出するのか、というのはどんな解析力学の本にも載っているだろうから、詳しい計算はそっちを参照してもらうとして、エッセンスだけを書いておくと、まず運動方程式を

$$m\frac{\mathrm{d}^2 x}{\mathrm{d}t^2} = -\frac{\partial U}{\partial x}$$

と書く。力を U の微分の形で表している。これを

$$-m\frac{\mathrm{d}^2 x}{\mathrm{d}t^2} - \frac{\partial U}{\partial x} = 0$$

の形に直す。こうやって(質量)×(加速度)の項を力と同じ扱いにできる、ということには「ダランベール(D'Alembert)の原理」なるかっこいい名前がついているが、要は移項しただけのことだ。これに $\delta x(t)$ という時間の関数をかける。この $\delta x(t)$ は仮想仕事の原理における δx に対応する。つまり一種の仮想変位である。ここでの「仮想変位」は時間の関数になっていることに注意。場所を動かすのではなく経路を動かす(関数そのものを変える)ということが大事である。結果は、

$$\left(-m\frac{\mathrm{d}^2 x}{\mathrm{d}t^2} - \frac{\partial U}{\partial x}\right)\delta x(t) = 0$$

だが、これはいろんな時刻tにおける式である。その「いろんな時間」に関してこの式を積分する。この積分をする、という部分は、つりあいの式から仮想仕事の原理を出す時に、

$$F_x = 0, F_y = 0, F_z = 0 \text{ から } F_x \delta x + F_y \delta y + F_z \delta z = 0$$

のように「各成分が0」の式にそれぞれの成分に対する「δなんとか」をかけて足し算したのと同じ。今の場合、「δなんとか」の「なんとか」に対応する部分がx, y, zの3つではなく、時間tの変化に応じて無限個あるのである。

こうして積分した式

$$\int \left(-m\frac{\mathrm{d}^2 x}{\mathrm{d}t^2} - \frac{\partial U}{\partial x}\right) \delta x(t) \mathrm{d}t = 0$$

は部分積分を1回すると、

$$\int \left(m\frac{\mathrm{d}x}{\mathrm{d}t}\frac{\mathrm{d}\delta x}{\mathrm{d}t} - \frac{\partial U}{\partial x}\delta x\right) \mathrm{d}t = 0$$

となる。これは

$$\int \left(\frac{1}{2}m\left(\frac{\mathrm{d}x}{\mathrm{d}t}\right)^2 - U(x)\right) \mathrm{d}t$$

と、この式の中の経路$x(t)$を$x(t) + \delta x(t)$に置き換えたもの

$$\int \left(\frac{1}{2}m\left(\frac{\mathrm{d}(x+\delta x)}{\mathrm{d}t}\right)^2 - U(x+\delta x)\right) \mathrm{d}t$$

との変化量（δxの1次まで）である。この式を良く見ると、運動エネルギー$\frac{1}{2}mv^2$と位置エネルギーUの引き算を積分した量になっている。つまり、

> **最小作用の原理の1つの表現**
>
> （運動エネルギー）−（位置エネルギー）を時間積分した量の変化が0になりなさい

という条件が運動方程式と等価である。

変化量が0だからと言って最小とは限らない（この逆はOK：最小になる場所では微小変化は0になる）。最大になる場合もある。しかし先に書いたように、なぜか皆、昔から「最小作用の原理」と呼ぶ。

作用の変分の雰囲気をつかむために

このあたりの感覚をつかむためのモデルを考えよう。図のような、穴のあいた質量 m の球をばねでつないだものを用意し、1個ごとに1本の串に刺す。

串と球の間に摩擦はなく、自由に上下に動けるとする。球は重力により下に落下しようとするが、ばねによってひっぱられて、ちょうど位置エネルギーが最低になるような形に

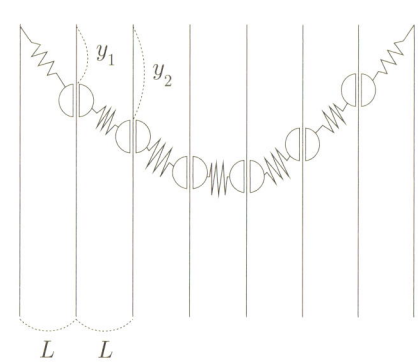

なった時に停止すると思われる。その時、球がどんな形に並ぶだろうか。

ばねのエネルギーは自然長からの伸び縮みの自乗に比例する。簡単のために自然長0のばねを使うことにすると、ばねのエネルギーはばねの長さの自乗に比例するが、

(ばねの長さ)² = (となりの球との高さの差)² + L^2

となる。L^2対応する部分はどうせ定数だからと捨ててしまうことにすると、結局ばねのエネルギーは(となりの球との高さの差)²に比例するわけである。よって、この球とばねが持っているエネルギーは

$$-mgy_1 - mgy_2 - mgy_3 - \cdots - mgy_N$$
$$+\frac{1}{2}k(y_2-y_1)^2 + \frac{1}{2}k(y_3-y_2)^2 + \frac{1}{2}k(y_4-y_3)^2 +$$
$$\cdots + \frac{1}{2}k(y_N-y_{N-1})^2$$

となる。このエネルギーが最小になるのがつりあいの状態である。

この串に刺さった球を仮想変位させてみよう。全体を下げると、重力の位置エネルギーは減るが、その分ばねが下まで伸びなくてはいけないから、ばねの弾性エネルギーは増える。全体を上げる場合はこの逆である。

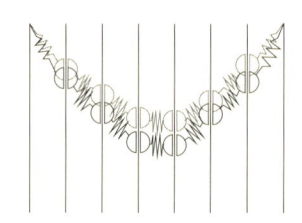

下に下がったので、重力の位置エネルギーは減少したが、ばねが伸びたので弾性エネルギーは増加している

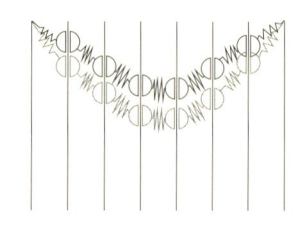

上に上がったので、重力の位置エネルギーは増加したが、ばねが伸びが小さくなったので弾性エネルギーは減少している

どこかで、この増減がつりあって、ちょうどエネルギーが極値になるところがある。それが実際に実現する状態である。

つりあいの方程式を作るためには、このエネルギーの式をy_i(iは1からNまで)で微分して0と置く。例えばy_3で微分すれば、

$$-mg + k(y_3 - y_2) - k(y_4 - y_3) = 0$$

すなわち、

$$k[(y_4 - y_3) - (y_3 - y_2)] = -mg$$

という式が出る。この式に出てくる$y_2 - y_3$というのは「となりどうしのyの差」であるから、言わば微分である。そして$(y_4 - y_3) - (y_3 - y_2)$はさらにその差であるから「差の差」つまり「微分の微分」である。というわけでこの式の左辺は$\frac{d^2 y}{dx^2}$に比例する。その比例定数がmに等しいとすれば、

$$m\frac{d^2 y}{dx^2} = -mg$$

ということになって、落体の運動方程式

$$m\frac{\mathrm{d}^2 x}{\mathrm{d}t^2} = -mg$$

によく似た方程式が出てくる。違いは、

- 図の横方向はxであって、時間tじゃない。
- 重力の方向が逆

ということである。ばねの弾性エネルギーが運動エネルギーに対応している。

落体の運動の経路を変化させた時の様子を、この串に刺した球の列と同じように考えると、

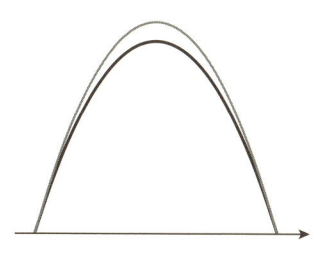

実際の運動より高い位置まで上がると、位置エネルギーが増える。
つまり（−位置エネルギー）は減る。
その時、実際より早く運動しなくてはいけないので、運動エネルギーは増加する

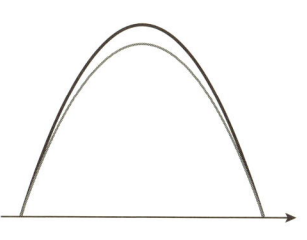

実際の運動より低い位置までしか上がらないと、位置エネルギーが減る。
つまり（−位置エネルギー）は増える。
その時、実際より遅い運動でいいので、運動エネルギーは減少する

のような図で描ける。図がひっくり返ってはいるが、だいたい同じことになっているのがわかる。

あたかもこの経路がばねやゴムのような弾性体でできていると考えて、びよ〜〜んと伸ばすとそれだけエネルギーが必要…と考え、

そのエネルギーが運動エネルギーになるのだと思えば、なんとなくイメージがつかめる。

そして、ちょうどいい経路のところで、この2つのエネルギーのつりあいがとれて、「最小作用」の状態が実現することになる。

👍 なぜ位置エネルギーを引くのか？

次に「どうして位置エネルギーを足さずに引くんですか？」という問いに対して答えておこう。何度も書いているように、作用というのは「最小であるという条件が運動方程式になるように」作るのだから、これの答としては「ちゃんと運動方程式を出すためにはマイナス符号がついてちょうどいいんだよ！」と言ってしまえばそれで終わりではある。

しかし、どうせなら図なりなんなり、目に見える形で納得したいというのも人情であろう。そこで、こう考えると納得できるかもしれないという説明を以下に書く。上の串に刺した球の話で、上下ひっくり返すことで落体の運動の経路になったところにこの説明の種がある。つまり、

> 👉 **位置エネルギーが引かれる理由**
> Because..
> 下向きの力によって、経路は上向きに引っ張られる

のである。

重力は上向きに作用する？？　そんなばかなと思うかもしれないが、「ばかな」という前によく考えてほしいのは、ここで考えている経路は「出発点と到着点を固定して、いろいろな経路を考えると」という前提つきの「経路」なのだ、ということである。

重力などの外力がなければ、出発点と到着点を固定したら、そこ

をまっすぐにつないだ経路（つまりは、等速直線運動）が実現する経路である。では重力があったら？？？

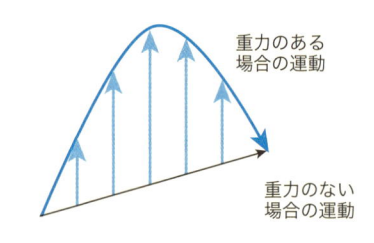

「いったん上に登って、また落ちてくる」という経路が実現する。その経路は、等速直線運動に比べ、上方向にずれていることになる。「経路は上向きに引っ張られる」と書いたのはそういう意味である。

静力学の問題である串にさした球に働く重力は球を下に引っ張る（重力がなければ直線）のと逆である。つまり、「力」によって起こる"変形"は、静力学と動力学では逆なのだ。

別の言い方をすると、

👉 位置エネルギーの符号が逆な理由
Because..

「力」によって起こる"変形"は、物体の位置の話をしている場合と、物体の経路の話をしている場合では逆なのだ。

ということになる。

だから、この2つの問題では位置エネルギーの役割も逆になり、作用に入る位置エネルギーの前にマイナス符号が入ることになるのである（運動エネルギーの方は、バネのアナロジーでいくと、静力学でも動力学でも「経路を短くしようとする方向」なので、どちらも＋でいい）。

以上から、作用というものを少しでもイメージしたかったら、こ

んなふうに考えるとよいだろう。

　上に書いたようなx-tグラフに書かれた経路をゴムひものようなものと考える。そしてそのゴムひもの両端を固定する。ゴムひものようなものだから、他に力がなければまっすぐの直線になるだろう。もし力が働いたとしたら、力は経路を「力の働く向き」とは逆に引っ張るので、上に書いた図のように、経路が「いったん位置エネルギーの大きいところ（上）に行ってまた帰ってくる」という形になる。

　「経路をゴムひもと考えた時の弾性エネルギー」と「通常とは逆向きに働く力による位置エネルギー」の和が「作用」である。これが極値になるような経路が、実際に実現する運動になる。

なぜこんなものが必要なのか？

　さて、この最小作用の原理、これまた多い疑問が「なぜこんなことを考えなくてはいけないのですか？」ということだ。今までの話からすると、結局は運動方程式を出すためらしい。しかしそれなら最初から運動方程式を出せばいいじゃないか、と思うかもしれない。わざわざ遠回り（に見える）作用なるものを導入するのはなぜなのか。

　まず、最初から運動方程式を出す、というのがそんなに簡単ではない場合がよくある、ということ。これは実際に難しい問題をラグランジュ形式で解いてみると実感できる。もう1つは、（静力学のポテンシャルと同じだが）座標変換に強いということ。直交座標から極座標へというような座標変換はもちろんのこと、もっと複雑怪奇

な座標変換に対しても、ラグランジュ形式（最小作用の原理）は強い。

そしてもう1つは、作用の形からいろんなことがわかったりするということ。作用の不変性から何かの保存則が導かれたり（例えば運動量保存則が作用の形から導かれたりする）、作用の形が似ていることから違う物理現象を同じ方法で調べることができたり。一般的に現象を記述する方法として便利だということが言える。

何にせよ、簡単な問題を考えている限りは、最小作用の原理のありがたみはわかりにくいかもしれない。しかしいつか難問に立ち向かう時に、いろんな手助けをしてくれるのが最小作用の原理なのである。

最後に「で、結局のところ、作用って何なんですか？」という疑問については悪いけど、短い答はない。作用は作用である。上に書いたようなことを考えて便利になるように作ったものであって、一言で表せるもんではない、ということになる。

量子力学との関連

話を量子力学にもっていくと、作用というのはちょうど量子力学の波動関数の位相に対応している。これが停留値を取るということは、位相の変化が小さい（局所的に変化しなくなっている）ということである。逆に位相の変化が大きいとどうなるかというと、波動関数は激しくプラスマイナスを変化させるということになり、そのような運動は重ね合わせによって消えてしまう。古典力学において「最小作用が選ばれる」とは量子力学では「最小作用の場所以外を通る道は互いに干渉して消える」と翻訳される。ラグランジュやハミルトンは自分たちの作った最小作用の原理にこんな解釈が後に与えられるとは思ってもみなかったに違いない。

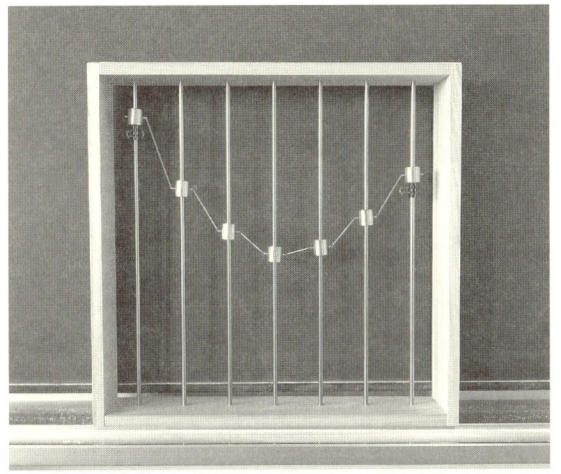

琉球大学の授業で実際に使用されている、ばねとおもりで作られた落体運動のモデル

疑問11 温度とエントロピーっていったいどういう関係?

「エントロピー」という言葉は妙に神秘的な意味合いを持たせて語られることが多いようで、そのせいか熱力学や統計力学を勉強している時も「エントロピー」という言葉が出てくると、「いったいここからどういう**崇高なるお話**が始まるのであろうか」と身構えてしまう人もいるようだ。さらには、よく意味もわからないうちになんとなくかっこいいような気がして「エントロピー、エントロピー」と連呼してしまったりする[*1]。

エントロピーを

エントロピーの定義

絶対温度Tの物体から熱量Qが放出された時、物体のエントロピーは$\dfrac{Q}{T}$だけ減る。

あるいはこれとは逆向きに、

絶対温度Tの物体が熱量Qを吸収した時、物体のエントロピーは$\dfrac{Q}{T}$だけ増える。

と定義してみよう[*2]。

[*1] 何を隠そう、学生時代の筆者のことである。友人に「おまえ意味わからんと言ってないか?」と聞かれてぎくっとした。
[*2] こういう話をする時、実は「準静的に変化が起こった場合」という枕詞が必要になる。

エネルギーも同様に定義することができた。仕事の熱の違いに気をつけつつ図で書けば、

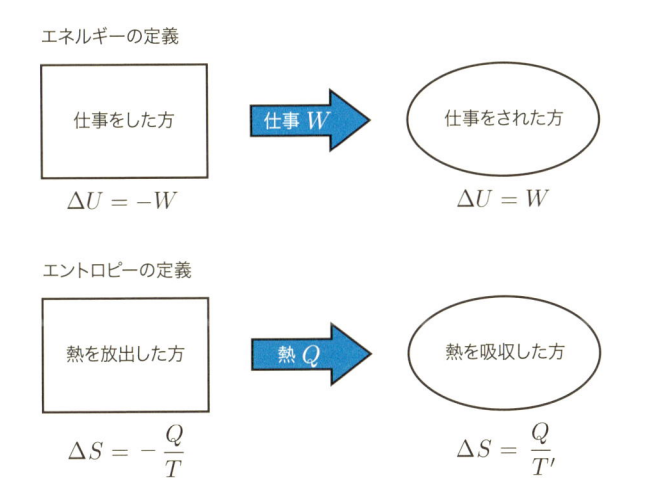

エネルギーの定義

仕事をした方	→仕事 W→	仕事をされた方
$\Delta U = -W$		$\Delta U = W$

エントロピーの定義

熱を放出した方	→熱 Q→	熱を吸収した方
$\Delta S = -\dfrac{Q}{T}$		$\Delta S = \dfrac{Q}{T'}$

である。

2つの図を見比べると、エネルギーの増減（仕事）のほうは「(途中で仕事が何か他のことに使われない限り)**一方が増えた分だけもう一方が減る**」のに対し、エントロピーの増減のほうは「(たとえ熱量がどこかで失われなかったとしても)**一方で増えた分ともう一方で減った分は同じではない**」ということがわかる。それは、エントロピーが Q だけ増減するのではなく、$\dfrac{Q}{T}$ だけ増減することからくる。

普段我々が見る現象では、図のように熱が流れているのなら、熱を放出した方 のほうが 熱を吸収した方 より高温である。つまり $T > T'$ であり、必然的に $\dfrac{Q}{T} < \dfrac{Q}{T'}$ となる。

こうして「エントロピーは増大する」という言葉の意味が1つわか

疑問⓫ 温度とエントロピーっていったいどういう関係？

る[*3]。エントロピーをこう定義して、かつエントロピーが増大するということは

> 熱は温度の高い方から低い方へ流れる

となる。こうして温度が一様に（平衡に）向かうというのがエントロピー増大の意味である。

　ここまでのお話は「熱力学」でのエントロピーであり、なぜこれが増大するのかといえば「経験から得られた法則である」と考えるしかない。そこで、ここから先「統計力学」でのエントロピーの説明をしていく。統計力学では、なぜエントロピーが増大するのか（どうして温度が平衡に向かうのか）にある程度説明を与えることができる。

　エントロピーは何かということを知るためには、まず

> 温度とは何なのか？

をちゃんと考えなくてはいけない。温度の説明として（実は正しくない定義なのだが）わかりやすいのは「温度が高いほど、たくさんエネルギーを持っている」というものだ。具体的には

[*3] これだけだと、「$\Delta S = \dfrac{Q}{T}$と、Tが分母に1次で現れる理由まではわからない。こうすることでSが状態量になるということが大事なのだが、その点はここでは省略する。

> **等分配の法則**
>
> 1自由度あたり $\frac{1}{2}kT$ ずつエネルギーが分配される

と、エネルギーと温度の関係を示す。例えば3次元の運動エネルギーは自由度3なので、$\frac{1}{2}mv^2 = \frac{3}{2}kT$ ということになる。この公式は気体のエネルギーの公式として有名である。

この温度の定義に、なんとなくすっきりこないものもある人もいるのではないだろうか。例えば、「**水中に熱した鉄球を放り込むと水の温度が上がり、鉄球の温度が下がり、同じ温度になったところで平衡状態に達する**」なんて簡単に言うが、

> 鉄と水は分子量（つまり1個の分子の重さ）も全然違うし、一方は液体、一方は固体だから分子の運動の仕方も全然違う。それなのに両方の運動エネルギーが等しくなったところで平衡に達するってのはどういうわけか

と不思議に思うのも当然だろう。例えば運動量の大きさが等しくなったところで平衡してはなぜいけないのか、$\frac{1}{3}mv^3$（適当に作っただけの式で深い意味はない）が等しくなったところではなぜいけないのか？――と考えれば考えるほど不思議である。

つまり何が言いたいのかというと、「温度」を定義するのに、$\frac{1}{2}mv^2 = \frac{3}{2}kT$ なんてふうにエネルギーを使うのでは不満なのである。「温度」というものの本質は「1自由度あたりのエネルギー」などというものにはない[*4]。本質は、

> ●高いところから低いところへと熱が移動する。
>
> ●同じ温度になったらそれ以上移動しない。

という部分にあるのである。

上のような性質を持ったものを「温度」と呼ぶべきであるから、「同じになったら平衡に達するような物理量」を探してきてそれを「温度」と呼ぶべきなのである。

温度というものの統計力学的な定義というのを見つけるためには「温度が等しくなると平衡に達する」というのはどういうことなのか、ということを分子運動のレベルで考えていかなくてはいけない。統計力学というのは名前のとおり、「統計」で物理を考える学問である。「統計」って何を数える統計なのかというと、物質の状態を数えるのである。

＊4　実際、「1自由度あたりのエネルギー」という定義はいろんな場面で破綻する。実はこれが量子力学の発見にもつながった。

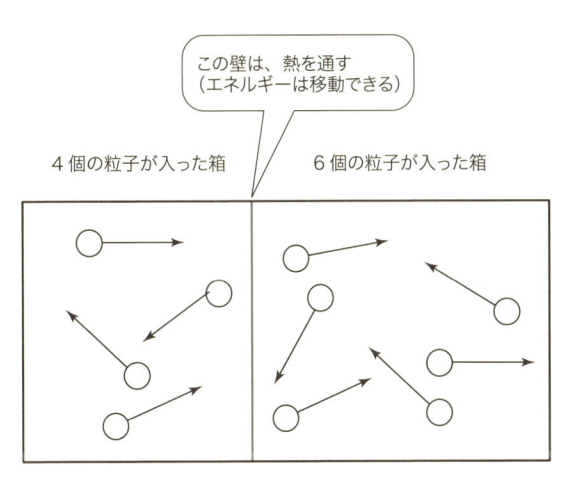

> この壁は、熱を通す
> (エネルギーは移動できる)

4個の粒子が入った箱　　6個の粒子が入った箱

全部で、$10E$のエネルギーをこの10個の粒子に与えるには?

　まず、分子の運動を思いっきり単純化したモデルで考える。ものすごく単純なモデルなので、分子は10個しかないとする。そして、分子の持つエネルギーはある単位エネルギー E の正の整数倍($0, E,$ $2E, 3E, \cdots$)であるとする(実際はもちろんそんなに単純じゃないが、まず単純なところから出発するのだ)。今10個の分子(粒子は区別できるものとする)が、トータルとして $10E$ のエネルギーを持っているとしよう。そして、このうち4個が箱Aに、残り6個は箱Bに入っており、2つの箱は接触していて、粒子そのものは移動できないが、互いの粒子の持っているエネルギーが移動することはできるとしよう(実際にはエネルギーは壁との衝突を通じて伝わる)。ただし、2つの箱以外にはエネルギーは移動しない(2つの箱の中のエネルギーは保存している)。この箱の中の分子のとりえる状態の数はいくつあるか?

疑問 **11** 温度とエントロピーっていったいどういう関係?

これは、

> 10個のりんごを10人の人間に分けます。1人の人間に1個もあげない場合も含めて、りんごの分け方は何通りあるでしょう？（ただし人は区別するがりんごは区別しない）

という問題と同じようにして解ける。答えを書くと92,378通りである[*5]。しかし、その92,378通りの中には、例えば「箱Aの4つの粒子が全エネルギーを独占し、箱Bの中の6個の粒子は1つもエネルギーを持っていない」という「ちょっとそれはありえなさそうだな」と思われる状態も含まれている。ちなみにこの状態の数は $_{13}C_{10} = 286$ 通りである。

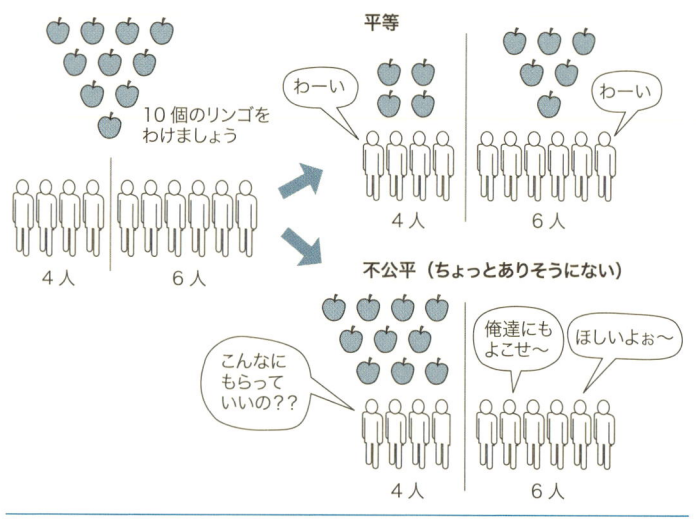

[*5] この計算は、「りんご10個を10人に分ける」と考えるより、「りんご10個と、人間と人間の間のしきり9個を並べなおす」と考えた方がわかりやすい。 $_{19}C_{10} = \dfrac{19!}{10!9!} = 92378$ と計算する。

ところで上に「**ちょっとそれはありえなさそうだな**」と思われるなんて書いたが、なぜそう思うのか。なんとなく、一方（それも少ないほう）がエネルギーを独占するなんて不平等に過ぎるじゃないか、という気がする。

逆に「どんな状態が起こりやすい？」と聞けば直感的に「4粒子に$4E$、6粒子に$6E$あげた状態がバランスがいいから、それが起こりやすそうだ」と思える。物理的に考えると、この「ありそうな分配」は双方の分子が同じ密度のエネルギーを持っている場合で、「なさそうな分配」は一方だけがエネルギーを持って（動き回っていて）もう一方は止まってしまっているという状態である。運動エネルギーの大きさが温度（のようなもの）なのだから、これは100度のお湯と0度の水が接しているにもかかわらず、双方の温度が変わらない、ということに対応する。これは実にありそうもない状態ではないか。

しかしそれを「なんとなく」ではなく、なんらかの理屈と数字で納得したい。その理由を

> 92,378通りの中の286通りなんだから、そんなことは起こりにくいに決まっているでしょ

と、「数の論理」で考えるというのが統計力学の考え方である[*6]。

さて、この直感に数字的裏づけを与えてみよう。

---

*6　これを逆に考えて「統計力学は小さい確率でそういう『ありえなそうなこと』が起こっていると主張している」と考えてはいけない。「大多数だけを考えれば我々の世界を記述するには充分だ」という主張なのだと思った方がよい。「ありえなさそうなこと」を計算にいれようがいれまいが答は（実質上）変わらないという点が大事なのである。

箱Aと箱Bの中の粒子が持っているエネルギーと、その時の粒子の取り得る状態をえんやこらさっさと計算すると次のような表ができる。

E_A	0	E	2E	3E	4E	5E	6E	7E	8E	9E	10E
W_A	1	4	10	20	35	56	64	120	165	220	286
E_B	10E	9E	8E	7E	6E	5E	4E	3E	2E	E	0
W_B	3003	2002	1287	792	462	252	126	56	21	6	1
$W_A W_B$	3003	8008	12870	15840	16170	14112	10584	6720	3465	1320	286

最後の欄の $W_A W_B$ は(箱Aの取り得る状態の数)×(箱Bの取り得る状態の数)であり、この系全体として取り得る状態の数になる。

この図を見れば「箱A（4粒子）に$4E$、箱B（6粒子）に$6E$」という状況が一番数が多く、ゆえに「起こりやすい」と考えられることになる。「数の論理」と直感が見事一致したわけである。

表を見るとわかるが、箱Aの粒子の持つエネルギーが増えると、箱Aの取り得る状態は増えていく。これは当たり前で、分けるりんごの数が増えれば分ける方法の場合の数が増えるのも当然である。ところが箱Aの粒子の持つエネルギーが増えるということは箱Bの粒子の持つエネルギーが減る（エネルギーの和が保存することに注意）ということだから、箱Bの粒子の取り得る状態は減っていく。そこで、双方の増減がつりあって最大値になるところがある。それがエネルギーが$4E : 6E$の状態なのである。

一方がエネルギーを独占してしまうような状態は数が少ないので、実現しにくい[7]。これが、状態が平衡へと向かう理由である[8]。

> では、取り得る状態の数が最大となる条件とはなんだろう？？？

——全体の取り得る状態の数は2つの箱の取り得る状態の数の積であるから、

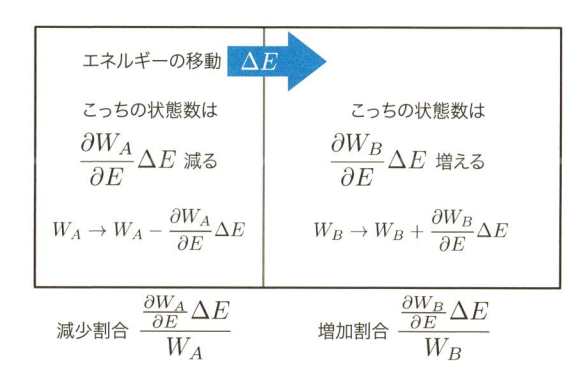

```
エネルギーの移動 ΔE →

こっちの状態数は              こっちの状態数は
∂W_A/∂E ΔE 減る              ∂W_B/∂E ΔE 増える

W_A → W_A − ∂W_A/∂E ΔE       W_B → W_B + ∂W_B/∂E ΔE

減少割合 (∂W_A/∂E ΔE)/W_A    増加割合 (∂W_B/∂E ΔE)/W_B
```

のようにエネルギーが移動したとき、$\dfrac{\frac{\partial W_A}{\partial E}}{W_A}$ のほうが大きければ、全体の状態数は減る。$\dfrac{\frac{\partial W_B}{\partial E}}{W_B}$ のほうが大きければ、全体の状態数は増える。

（箱Aの状態数の減少割合）と（箱Bの状態数の増加割合）が等しくなった時が増減のつりあうところ、つまり状態数が最大[*9]になるところである[*10]。

---

* 7 今考えている粒子が10個程度なので、状態数の差は286と16,170とあまり大きくないが、アボガドロ数程度の粒子を考えると、この差は圧倒的になってしまい、「ちょっとありそうにもない」状態は、ほとんど考える必要すらない。
* 8 「統計力学」という名前でありながら、この平衡状態実現の説明には「力」が全く登場しないのが統計力学の面白いところ。

これを数式で表すならば、

$$\frac{\frac{\partial W_A}{\partial E}}{W_A} = \frac{\frac{\partial W_B}{\partial E}}{W_B}$$

となったときということになる。

さらに$S = k \log W$という式でSを定義する(このSはいわずと知れた**エントロピー**であって、kは**ボルツマン定数**である)と、

$$\frac{\partial S}{\partial E} = \frac{\partial (k \log W)}{\partial E} = k \frac{\frac{\partial W}{\partial E}}{W}$$

なる量(SをEで微分した量)が等しくなったところがもっとも起こりやすい状態なのである[*11]。

「温度が等しい」=「熱平衡に達している」=「起こりやすい状態」

なのだから、「起こりやすい状態では$\frac{\partial S}{\partial E}$が等しくなる」ということは「$\frac{\partial S}{\partial E}$が等しいと、温度が等しくなる」と言える。よって温度と$\frac{\partial S}{\partial E}$にはなんらかの関係がある。実際に何か具体的なモデル[*12]で$\frac{\partial S}{\partial E}$を計算してみると、これが絶対温度の逆数であることがわかる。

さて、ここまでで統計力学的には温度がどう定義されるのかがわかったはずである。ひとことで述べるなら

---

*9 「増減がつりあう」というだけなら最小の場合もあり得るが、今の場合はそうではない。

*10 箱Aの状態数が$1-x$倍になり、箱Bの状態数が$1+x$倍になれば、全体の状態数は$(1-x)(1+x) = 1-x^2$倍になるが、今変化量xは微小量ΔEに比例しているので、$x^2 \simeq 0$である。

*11 Sの定義に$\log$が出てきた理由はWの増加量そのものではなく、Wの増加の割合が重要だったから。

*12 単原子分子理想気体では$E = \frac{3}{2}RT$、固体なら$E = 3RT$になる、など。

> エネルギーをエントロピーで微分したもの $\left(\dfrac{\partial E}{\partial S}\right)$ が温度である。

となる[*13]。

あるいは、$\dfrac{1}{kT} = \dfrac{1}{k}\dfrac{\partial S}{\partial E} = \dfrac{\frac{\partial W}{\partial E}}{W}$ という量が、「エネルギーを出し入れした時、状態数が元の何倍程度増減するか」つまり、「エネルギーの出し入れに対する状態数の増減の敏感さのようなもの」に対応していると思えばよい。統計力学では、温度 T より、$\dfrac{1}{kT}$(βという文字で表すことが多い)のほうが本質的な量となる。

おおざっぱにいえば、$\dfrac{1}{kT}$ が0.01なら、エネルギーを1J出し入れした時、状態数が元の1%ぐらい増減する[*14]。

この結果を見ると、温度というものの見方がだいぶ変わってくるかもしれない。結局は「**温度が等しい**」ということと「**エネルギーが出入りしたときの状態数の変化の割合がつりあう**」ということが同じだということが大事で、これが温度やエントロピーの定義と意味

[*13] ここで、偏微分なのに逆数にしていいの?―と悩むなかれ。疑問❸で逆関数の偏微分を逆数にしてはいけなかったのは「何を一定にして微分しているか」が違っていたからである。ここでは $\dfrac{\partial S}{\partial E}$ と $\dfrac{\partial E}{\partial S}$ は、V など他の変数を一定とするという条件を同じにする偏微分だから、逆数にして問題ない。

[*14] $\dfrac{1}{kT} = 0.01$ というのは非常に高温。$k = 1.38 \times 10^{-23}$ があまりに小さいため、常温(300K)でも $\dfrac{1}{kT} = 2.4 \times 10^{20}$ と、とても大きい数字になる。つまり、ほんの少しエネルギーを注入するだけで、状態数は大きく変化する。

を決めてしまう。このような定義をしておけば「等温になると平衡」ということが「数の論理」から、ちゃんと導かれることになる。

　「温度は何か」「エントロピーとは何か」「温度とエントロピーの関係は何か」という疑問は、とても重要である。

疑問⑫ 熱力学の関数 (U,H,F,G) は、それぞれどこが違うの？！

熱力学を勉強すると、エントロピー、エンタルピー、ヘルムホルツの自由エネルギー、ギブスの自由エネルギー、と次から次へといろんな関数が出てきて、「いったいそれは何で、何がどう違うのか」とこんがらがってしまう。特に内部エネルギー U、エンタルピー H、ヘルムホルツの自由エネルギー F、ギブスの自由エネルギー G は、全部エネルギーの次元を持っていて、どれがどれだかわからなくなることが多いようである[*1]。

例えばエンタルピー H は $H = U + PV$ というのが定義なのだが、

> なんで PV を足すの？

という悩みを持つ人は多い。さらにヘルムホルツの自由エネルギー F の定義 $F = U - TS$ に至っては

> なんで TS を引くの？

という疑問に加えて「そもそもエントロピーがわからないのに T かけて引かれたらますますわからない」という悩みが出てきて、お手上

[*1] 中にはエントロピーとエンタルピーを混同してしまう人までいる。「エネルギーとエナジーがどっちも energy であるように、エントロピーの発音違いがエンタルピーだと思ってました」と言っていた人もいたが、なんぼなんでも次元が違う量まで混同してはだめである。

げになってしまう人も多いようである。

では、この U, H, F, G がそれぞれどんな意味があるのかを整理しよう。厳密に定義しようとするとついつい長くなってしまってまたわかりにくくなるので、1つの例として

> PV や $-TS$ はいかなる意味を持つのか？

を示そう。それから H, F, G の意味を理解してもらおうと思う（厳密な定義はお手元の熱力学の教科書を見よう）。

まずはエネルギーとは何だったか？―ということまで戻って考えよう。エネルギーは「仕事をすると、した分だけ減り、されたほうはされた分だけ増えるもの」と定義されている。図で表示すれば、

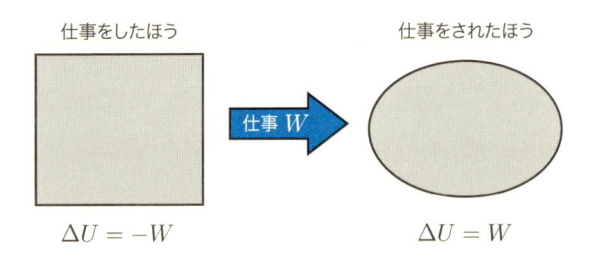

仕事をしたほう　　　　　　仕事をされたほう

仕事 W

$\Delta U = -W$ 　　　　　　$\Delta U = W$

となる（U がエネルギーであり、W が今考えている物体がした仕事である。疑問 ⓫（121ページ）で使った図を再び使った）。

ただし、力学の範囲で考えると仕事をしたほうが減らしたエネルギーの分だけ、仕事をされたほうのエネルギーが増えるとは限らない（力学では摩擦などがあると力学的エネルギーが保存しなくなる）。

この節で考えているのは熱力学なので、摩擦などで熱に変わったエネルギーもちゃんと計算していこう。そうすると、ちゃんとエネルギーは保存する。ただし、今度は熱も考慮し、

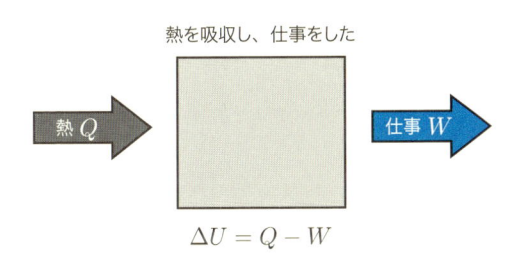

熱を吸収し、仕事をした

熱 Q → □ → 仕事 W

$$\Delta U = Q - W$$

とする（Q は、物体が吸収した熱）[*2]。熱力学におけるエネルギー U とは「熱を与えると与えた熱の分だけ増え、仕事をするとした仕事の分だけ減る量」と考えればよいだろう。

熱力学というと気体で考えることが多いので、以下の説明も「系」とか「物体」とかの抽象的な表現を使うのをやめて「気体」と表記する。

H, F, G は、やはり「何か（熱だったり仕事だったり）を与えると与えた分だけ増える量」という意味では U と同じである。ただ、「どのような条件で熱を与えるか（あるいは仕事をさせるか）」というのが少し違うのである。

---

*2　Q を「物体が放出した熱」と定義すると、$\Delta U = -Q - W$ になる。

👍 エンタルピー

ここで、定圧過程において便利な量であるエンタルピーを説明しよう。あえて単純化していってしまえば、エンタルピーは「**定圧過程用のエネルギー**」とでも呼ぶべき量である。

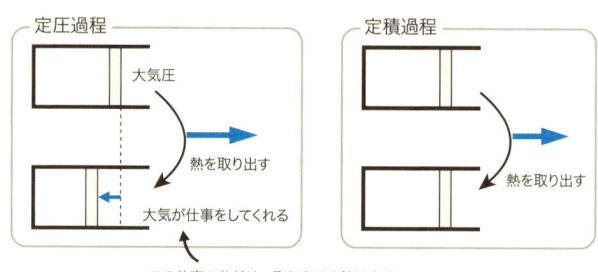

```
定圧過程                          定積過程
   大気圧
   熱を取り出す                   熱を取り出す
   大気が仕事をしてくれる
```
この仕事の分だけ、取り出せる熱は大きい

1例として、シリンダーに入った気体を考える。ピストンは何らかのメカニズムによって、シリンダー内を定圧に保つように調整されているとする(別に難しい話ではない。摩擦なしに動くピストンを用意して、力を特にかけなければ、シリンダー内部は大気圧に保たれる)。対比物として、動かないピストンをつけたシリンダーも用意する(こちらは定積に保たれる)。

この2つのシリンダー内の気体から、熱の形でエネルギーをうばっていったとしよう。同じ温度まで下がった時、どっちの気体から取り出せる熱のほうが大きいだろうか?——「**同じ温度なら同じでしょ**」ということには、もちろんならない。定圧に保たれているほうは、ピストンが動き、気体を圧縮する。この時、ピストンは気体に仕事をするから、気体のエネルギーはその分だけピストンからエネ

ルギーをもらったことになる。ゆえに、同じ温度まで下がった時には定圧過程のほうが多い熱を取り出せるのである。

定圧過程のほうが取り出せる熱が多い。ではどれだけ多いのかを考えよう。次のようなモデルを考える。

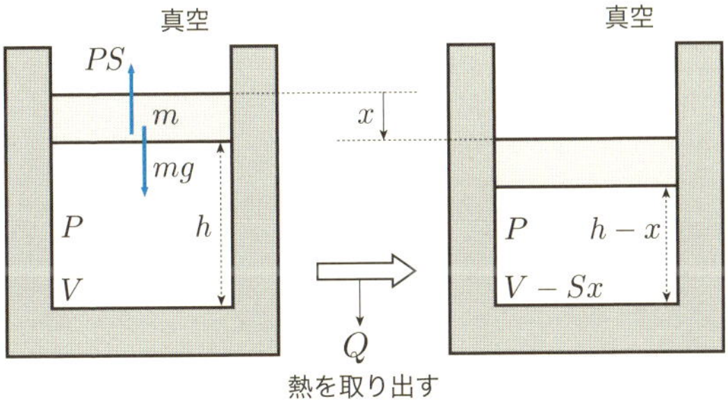
真空
PS
m
mg
P
h
V
真空
x
P
h − x
V − Sx
Q
熱を取り出す

話を簡単にするため、ピストンの外には気体がない（真空）ということにしよう。気体の圧力がピストンを上に押す力（ピストンの断面積をS、気体の圧力をPとすれば、この力はPS）に対して、ピストンに働く重力（mg）がピストンを下にひっぱり、この2つの力がつりあっている（$mg = PS$）。

熱Qを取り出したことによってピストンがx下がったとする。この図を見て、状態の変化を考えると、気体だけではなく、質量mのピストンの高さがxだけ下がっていることに気付く。この結果ピストンの位置エネルギーはmghから$mg\ (h - x)$に減っている。この時内部の気体は、ピストンに対して$-PSx = -mgx$の仕事をしている（気体がピストンを上に押しているのに、ピストンは下に動いたので、仕事はマイナスである）。この気体のエネルギーはQだ

け減る一方、$PSx = mgx$ だけ増える（差し引き $Q - PSx$ だけ減る）。つまり、ピストンが降下することで、気体のエネルギーを補充している。気体のエネルギーに、ピストンが持つ位置エネルギー $mgh = PV$ を加えたエネルギーこそが「熱として取り出せるエネルギー」になっている。

以上から

$$H = U + \underbrace{PV}_{=mgh}$$

とすれば「定圧過程用のエネルギー」が定義できる。これが、エンタルピー H なのである[*3]。

なお、ここでは説明をわかりやすくするために真空中におかれたピストンを考えたわけだが、とにかく気体を定圧に保ってくれるようなメカニズムがあれば、PV に対応する分だけ、周りからエネルギー補給を得られるのだ、と考えると H の意味がわかる。H は**気体を定圧に保つためのシステムの持つ"隠れたエネルギー"を加えたエネルギー**なのである。

ヘルムホルツの自由エネルギー

次に、ヘルムホルツの自由エネルギーの意味を理解するために、等温過程を考えよう。今度は「どれだけ熱を放出できるか」ではなく「どれだけ仕事ができるか」でエネルギーを定義する。

---

*3 エンタルピーの語源は「en（内部の）」「thalpy（熱）」。気持ちとしては「中に入っている熱」という意味だが、ちょっとわかりにくい言葉ではある。

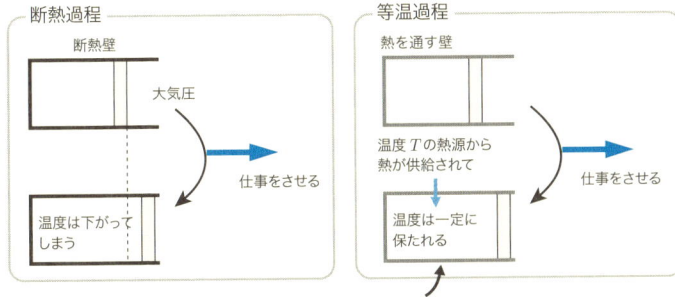

```
┌─断熱過程──────────────┐   ┌─等温過程──────────────┐
│  断熱壁                │   │  熱を通す壁            │
│  ┌──┐      大気圧      │   │  ┌──┐                 │
│  │  │        ↓         │   │  │  │                 │
│  └──┘   ──→            │   │  └──┘   ──→          │
│         仕事をさせる    │   │ 温度Tの熱源から       │
│                        │   │ 熱が供給されて  仕事をさせる │
│  ┌────┐                │   │  ┌────┐               │
│  │温度は下がって│       │   │  │温度は一定に│       │
│  │しまう      │         │   │  │保たれる   │        │
│  └────┘                │   │  └────┘               │
└────────────────────────┘   └────────────────────────┘
```

温度が下がらないと断熱変化に比較して圧力の
低下が少ないのでできる仕事も大きくなる

さっきエンタルピーに関して考えた時、「定圧過程では、定積過程よりも多く熱が取り出せる」ということから出発した。同様に「等温過程では、断熱過程に比べて余計に仕事ができる」ということがわかる。等温過程ということは、考えている気体の周りに「熱浴」があって、その熱浴が気体の温度を一定に保つ分だけ、熱を供給してくれるからだと考えるとよい。その供給される熱の分だけ、等温過程のほうができる仕事の量が増える。

気体が膨張して仕事Wをしたとしよう。断熱過程ならば気体はその分エネルギーを失い、温度が下がる。等温過程であるということは、周りの熱浴から熱が入り込むことで温度が下がらないよう補償してくれる、ということである。そんなにうまくいくのか、と不安になるところだが、ここでは熱力学の常套手段通りに「準静的に」物事が進むと考えることにする。

これも具体的モデルで考えよう。

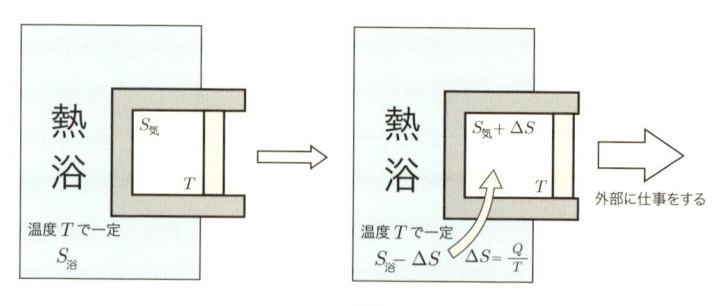

図中テキスト:
- 熱浴 温度Tで一定 $S_浴$
- $S_気$ T
- 熱浴 温度Tで一定 $S_浴 - \Delta S$ $\Delta S = \dfrac{Q}{T}$
- $S_気 + \Delta S$ T
- 外部に仕事をする
- 温度が下がらないように、熱浴から熱が供給される

　温度Tの熱浴に覆われて、自分の温度もTになっている気体があるとする。この気体のする仕事を考えてみる。もし熱浴なしで(断熱過程で)仕事をすれば、気体の温度は下がってしまう。下がってしまわないように、周りの熱浴から熱が供給されることになる。

　実際には熱が移動するには温度差がなくてはいけない(熱は常に高温から低温に向けて移動する)が、ここでは熱浴と気体は等温とする。そういう状況にするためには、十分ゆっくりとピストンが移動し、仕事をした分だけの熱量が移動してこなくてはいけない。ピストンの移動が速いと、気体の温度は下がってしまう(このあたりが「準静的」に事を行わなくてはいけない理由になるわけだ)。

　このように準静的に事が進むと、熱浴＋気体のエントロピーは増大しない。全系のエントロピーを$S_全$とすると、熱浴の持つエントロピー$S_浴$は$S_全 - S_気$である。

　今、温度は変化しないわけであるから、熱浴は、自分が持っているエントロピー×Tだけはエネルギーを(熱の形で)どんどん提供してくれることになる。つまり、気体のエネルギーの他に、熱浴に蓄

えられているエネルギー$TS_浴$があるわけである（エンタルピーの時にmghという気体以外の持つエネルギーがあったのと同様）。

よって、「熱浴が補償してくれる部分を含めて考えたエネルギー」は

$$U + T(\underbrace{S_全 - S_気}_{=S_浴}) = U - TS_気 + \underbrace{TS_全}_{一定}$$

となるわけである。（準静的という条件が成り立つ限りにおいては）$S_全$は一定であるから、エネルギーの原点はどうとってもよいという考え方からすると、$TS_全$の部分は捨て去って、$U - TS_気$という量を「熱浴が供給してくれる熱を含めたエネルギー」と考えても問題ない[*4]。

こうして考えた「等温過程用のエネルギー」

$$F = U - TS$$

がヘルムホルツの自由エネルギーである。

こうしてエンタルピーHとヘルムホルツの自由エネルギーFに意味を与えることができた。Hは「定圧に保つシステムが与えてくれるPVも含めて考えた気体のエネルギー」であり、Fは「熱浴が提供してくれる熱の分も含めて考えた気体のエネルギー」と考えていい。Fが熱浴のエネルギーを足しているはずなのに$U - TS$と引き算になるのが一見わかりにくいが、$F = U - TS$のSは上の説明で$S_気$

---

*4 ここで$TS_全$という莫大なエネルギーを「定数だから」という理由で捨ててしまうことになる。実際のところ、$S_全$も$S_浴$も我々には計算できない（ものすごく大きな系なので）。つまり$U - TS_気$としたことで、ちょうど計算可能な部分を残したことになるわけである。

と書いた量であることに注意しよう。熱浴が熱という形で提供できるエネルギーは、$T(S_全 - S_気)$なのである。「全体で供給できるエネルギーが$TS_全$なのだが、すでにそのうちの$TS_気$は気体に与えられている(言わば「貯金がもう引き出されてしまっている」)ので、使えるのは(貯金の残高は)$T(S_全 - S_気)$なのだ」と理解するとよい。

ところで元々「エネルギーは熱を加えると増えて、仕事をすると減る」という定義から出発したわけだが、今考えた状況のヘルムホルツの自由エネルギーに関していうと、熱を加えても増えたり減ったりしない。なぜかというと、いくら熱を加えても熱浴のほうに流れてしまうからである(熱を加えると気体の温度が上がりそうだが、そうなると気体から熱浴に熱が流れだす)。逆に熱を奪っても減らない(熱浴から補償される分だけ熱が補給される)。そういう意味でヘルムホルツの自由エネルギーは「熱を加えると増える」という性質を失っている。そこで

> Fを増減させるのは仕事だけなの？

と疑問を抱くかもしれないがそうではなく、熱浴の温度を上げ下げすることによって増減する[*5]。

熱力学の教科書において、「UがS, Vの関数であるのに対し、FはT, Vの関数である」という趣旨のことが書いてあるのは、そうい

---

*5 上げ下げするのは「熱浴の温度」であって「気体の温度」ではないことに注意しよう。気体の温度を上げようとして熱を投入しても、全部熱浴が吸ってしまって無意味である。もちろん、熱浴の温度を上げれば連動して気体の温度も上がる。

う理由である。さっきは説明を省略したが、実はエンタルピーのほうも「仕事をすると減る」という性質を失っていて、Vの関数ではなくPの関数になっている($H(S, P)$と書く)。

> そんなふうに、熱浴から都合よく出し入れしてもらえるようなエネルギーはエネルギーとして認めん！

と叫びたくなる、潔癖(？)な人もいるかもしれない。しかしよく考えてみると、現実のこの世界では、断熱された系より、断熱されておらず、結果として室温と同温度になって平衡に達している系のほうがずっと多い。だからFが有用になる状況はかなり多いのである。

最後に残ったギブスの自由エネルギーGについては、この2つを一挙に考慮したものだと考えればよい。つまり「定圧で、かつ等温である環境で考えたエネルギー」と考えればよい。

定義は

$$G = U - TS + PV$$

である。化学反応などでは定圧等温の状況で考えることが多いので、Gは化学反応を考える時によく使われる。

UからH, F, Gなどを出す時は数学的に「ルジャンドル変換がどうのこうの」という説明をされることが多いが、それではなかなか「結局これは何なのか？」という疑問が消えないだろう。ここで説明したような

> 背後に隠れているエネルギーも含めて考えた
> エネルギーなのだ

というイメージを持って考えてほしい。

疑問 ⑬ アンペールの貫流則の謎

電流の回りにできる磁場を計算するには、アンペールの貫流則というのを使う方法と、ビオ・サバールの法則を使う方法と、2つある。この項ではその2つの方法がちゃんと一致するのか、という点に関して、ある1つの「謎」を提出して、その謎を解く。まず最初に、この2つの法則を説明しよう。

アンペールの貫流則というのは、例えばこんなふうに表される。

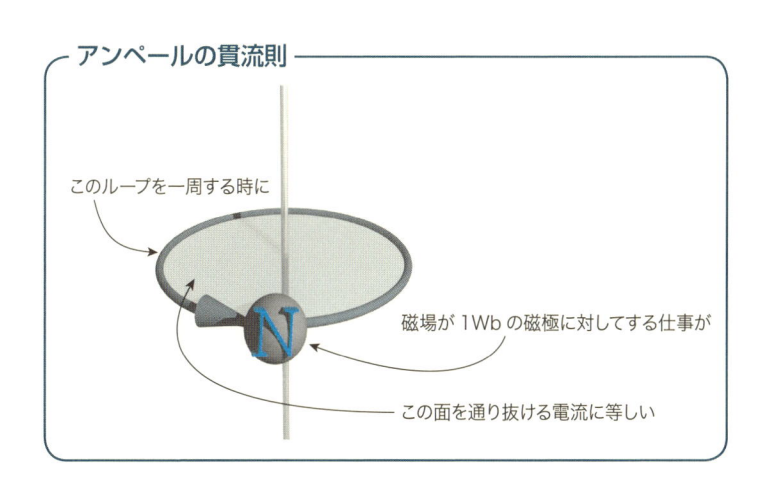

アンペールの貫流則

このループを一周する時に

磁場が1Wbの磁極に対してする仕事が

この面を通り抜ける電流に等しい

ビオ・サバールの法則のほうはこんな感じだ。

> **ビオ・サバールの法則**
>
> 微小長さdsの電流Iが、距離r離れた場所に作る磁場の大きさは、$\dfrac{I \mathrm{d}s \sin\theta}{4\pi r^2}$である。ただし$\theta$は、電流と今考えている点を結ぶベクトル$\vec{r}$と電流の間の角度である。磁場の向きは電流とも$\vec{r}$とも垂直で、電流に対して右ネジの回る向きを向いている。
>
>
> この式の分子の大きさは、この平行四辺形の面積に比例
>
> 導線すべてについて積分することで、磁場が計算できる、これがビオ・サバールの法則

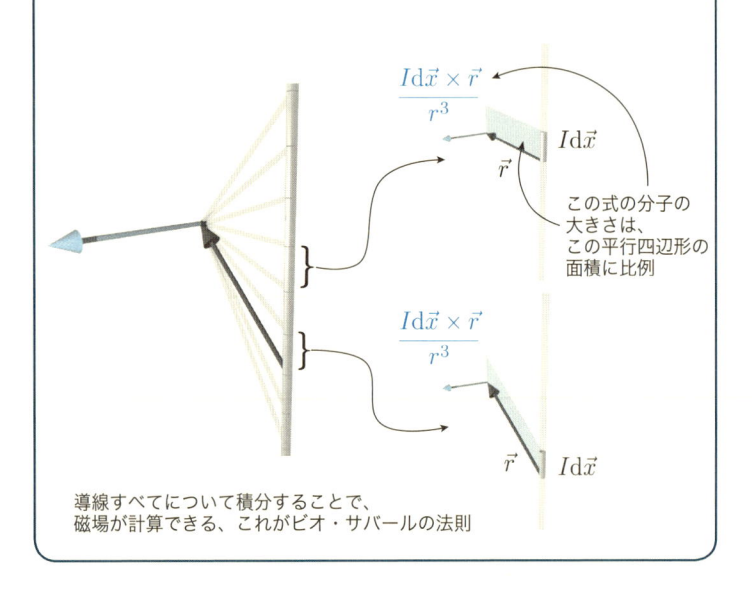

　これではよくわからないだろうから、一番簡単な「無限に長い直線電流の回りにできる磁界」を双方の法則を使って計算してみる。

　アンペールの貫流則を使うにはまず閉曲線を設定しなくてはいけない。それを電流の流れている場所を中心として、電流に垂直な平面上にある半径rの円と設定する。対称性と右ネジの法則から、磁場はこの円の接線方向を向き、円上では大きさは常に等しい。そこ

で大きさをHと置く。この円上に磁極mを置くと、受ける力はmHであるから、これに距離をかけて、$mH \times 2\pi r$が磁場のする仕事である。$m = 1$の時、これがIに等しいのだから、Hの大きさは

$$H = \frac{I}{2\pi r}$$

となる。

　同じ状況の磁場をビオ・サバールの法則で計算する。今度は電流素片の作る磁場を足しあげていくという計算になる。図のように距離Rの場所を考えると、電流素片$I\mathrm{d}z$は$\dfrac{I\mathrm{d}z\sin\theta}{4\pi R^2}$の磁界を作ることになるが、この場合、図からわかるように$\sin\theta = r \div R$なので、$\dfrac{I\mathrm{d}zr}{4\pi R^3}$の磁界を作ることになる。

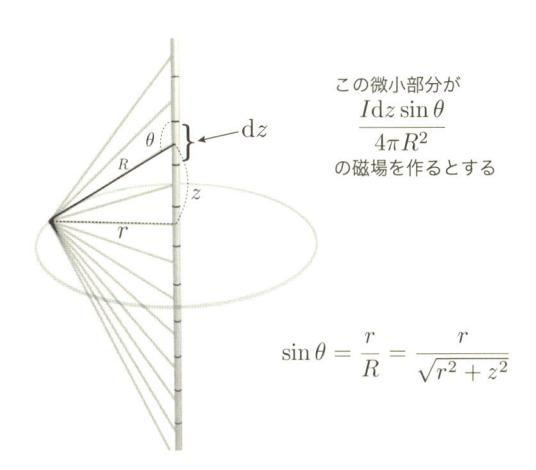

この微小部分が
$\dfrac{I\mathrm{d}z\sin\theta}{4\pi R^2}$
の磁場を作るとする

$$\sin\theta = \frac{r}{R} = \frac{r}{\sqrt{r^2 + z^2}}$$

あとはこれで電流全体の積分をすればよい。つまり $R=\sqrt{r^2+z^2}$ として、z に関して $-\infty$ から ∞ まで積分すればよい。すなわち、

$$H = \int_{-\infty}^{\infty} \frac{I\mathrm{d}zr}{4\pi(r^2+z^2)^{\frac{3}{2}}} \tag{13.1}$$

を計算すればよいわけである。実際にこの計算をやると、結果はアンペールの貫流則による結果と一致する。

さて、以下が、この疑問のタイトルである「アンペールの貫流則の謎」である。

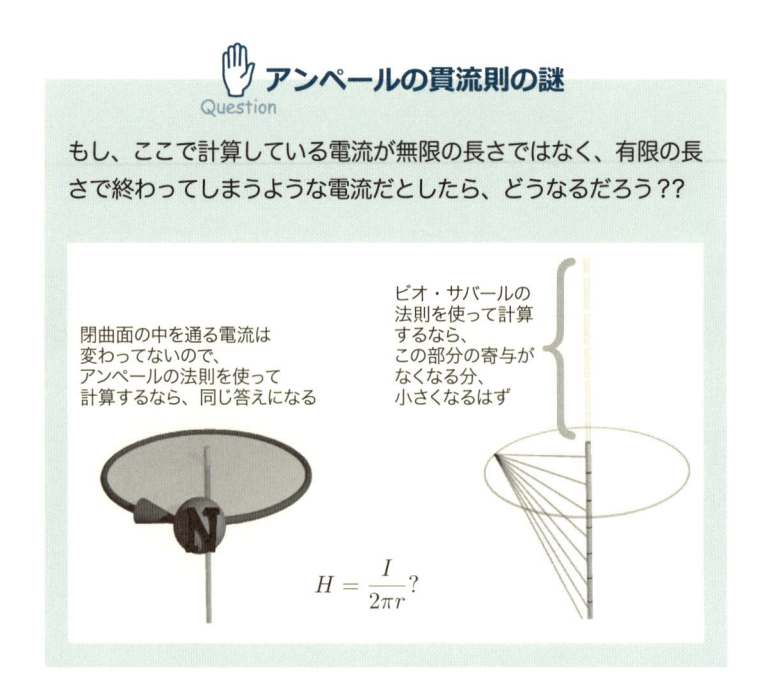

✋ アンペールの貫流則の謎
Question

もし、ここで計算している電流が無限の長さではなく、有限の長さで終わってしまうような電流だとしたら、どうなるだろう??

閉曲面の中を通る電流は変わってないので、アンペールの法則を使って計算するなら、同じ答えになる

ビオ・サバールの法則を使って計算するなら、この部分の寄与がなくなる分、小さくなるはず

$$H = \frac{I}{2\pi r}?$$

アンペールの法則のほうは輪っか（閉曲線）を考えてその中を通る電流で回りにある磁場が決まるという法則であるから、とにかく輪っかを電流が通ってさえいればいいので、答えは変わらない。しかし、ビオ・サバールのほうは遠くにある小さな電流が少しずつ磁場を作って、その和でこの場所の磁場が決まるという法則なので、電流が短くなれば、当然磁場は弱くなってしまうだろう。では、アンペールの法則とビオ・サバールの法則は互いに矛盾する法則なのか？　　　　　　　　　　　　　　　　　（以下から解答編）

👍 アンペールの貫流則の謎：解答編

たぶん、この謎を出されてすぐに

> 有限長さで終わる電流なんてあり得ないんじゃないか？

と気がつく人がいるかもしれない。しかし、「存在しないから意味がない」というほど意味がなくはないのである。というか、「意味がない」では思考停止であって、

> あったらどうなるのかを考えてこそ物理をやる意味があるのだ。

だいたい、こういう途中で終わる電流、作ろうと思えば作れるのである。たとえば電流の出発点で正電荷をえいやっと投げ、終着点でその正電荷をキャッチすればよい。だから、「そんな電流はない

から答えが違って当然」という答えを出し、そこで終わっちゃった人は、正解への道をたどってはいるが、今一歩踏み込みが甘い。

この場合、確かに電流は出発点と終着点の間にだけ存在しているのである。ではこの場合、アンペールの貫流則とビオ・サバールの法則では答えが違ってしまうのだろうか。

←この電荷は増えていく

電流が流れている領域

←この電荷は減っていく

そこでもう一度今考えている舞台設定を見なおしてみる。電流の出発点で正電荷を投げ、到着点でキャッチしている、ということは、出発点の電荷はどんどん減っていき、到着点の電荷はどんどん増えていく。最初0であったとしても、時間がたつと左の図のように正電荷と負電荷の固まりができているはずである。この電荷は磁場に寄与しないだろうか。

←どんどん増加する正電荷

←どんどん増加する負電荷

時間的に変化しない電荷ならば、磁場には寄与しない。しかし電荷が増えると話は別である。電荷が増えることによって電束が増え、増加する電束は電流が流れるのと同じように磁場に寄与するということがわかっている(マックスウェルの変位電流)。

右の図でわかるように、たまっていく電荷によって作られる電束は電流のある場所において、電流と逆を向く。この電束が増加することは下向きの電流が流れるのと同じ効果を生むから、電流Iはこの変位電流の分だけ割り引きを受けることになる。つまり、アンペールの法則でも、変位電流を計算にいれてやれば、やはりできる磁場は無限に長い電流の場合より弱くなるのである。

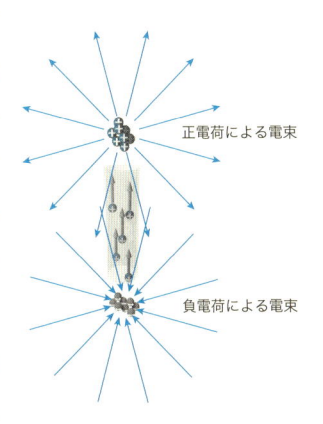

正電荷による電束

負電荷による電束

疑問 **13** アンペールの貫流則の謎

　念のため検算しておこう。ややこしい計算はいいや、という人は以下、次の節までの部分を飛ばすこと。

　図のように、無限に長い電流がある1点で終わっている場合を考える。その点には電荷Q(もちろん増加している)がある。

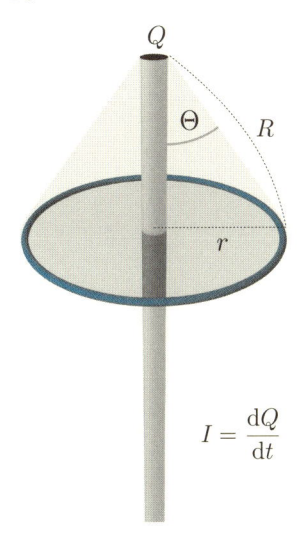

　Qが作る電束のうち、今考えている半径rの円を貫いているものをまず計算する。これは、Qからまっすぐ降ろした線と円上の1点へ向かう線の角度が$\sin\Theta = \dfrac{r}{R}$を満たす角度になるまでの立体角積分をすればよいから、

$I = \dfrac{\mathrm{d}Q}{\mathrm{d}t}$

151

$$\int d\phi \int d\theta \sin\theta = 2\pi(1-\cos\Theta)$$

となる。全体で4πの立体角のうち$2\pi(1-\cos\Theta)$であるから、この部分に入る電束は下向きに$\dfrac{Q(1-\cos\Theta)}{2}$である。$Q$の時間増加は$I$に等しいから、変位電流は$\dfrac{I(1-\cos\Theta)}{2}$となり、全電流は、

$$I - \frac{I(1-\cos\Theta)}{2} = \frac{I(1+\cos\Theta)}{2}$$

となる(これはもちろんIよりも小さい)。よって、変位電流も計算にいれてアンペールの法則を適用するならば、答えは

$$H = \frac{I(1+\cos\Theta)}{4\pi r}$$

となる。ビオ・サバールによる計算のほうは、zの積分を$-\infty$から$\sqrt{R^2 - r^2}$まで、と有限に直す。結果は上と等しくなる。

👍 ビオ・サバールの法則は修正しなくていいの？

さて、ここまで読んだ人の中には、もう1つの疑問が出てきた人もいるかもしれない。それは、

> ビオ・サバールの法則を使った計算のほうには
> なぜこの変位電流が入ってこないのか？

という疑問である。

入ってこない理由はこうである。

> ビオ・サバールの法則は電流のある場所すべてについて積分せねばならない。すると変位電流の効果は消えてしまう

変位電流を考えると、宇宙全空間にわたって電束が変化しているので、宇宙全体の電束の時間変化から生じる磁場を全部積分をする必要がある。電束の変位電流による磁場はこの「宇宙全体の積分」で0になるのである。

右の図は正電荷から出ている電束を表す図である。電荷と磁場を観測する地点Pを結んだ線に関して対称な位置AとBにある電束によってできる磁場どうしが相殺しあう（ビオ・サバールの法則の式の分子に、図の青矢印で示すベクトルと黒矢印で示すベクトルの外積が入っていることを思い出そう。外積の結果は逆向きのベクトルになる）。

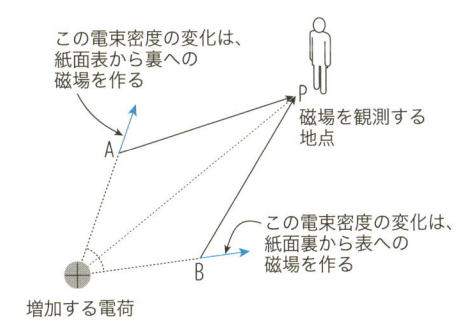

ビオ・サバールの法則による計算では「全ての電流を積分」という操作が入るため、対称性のよい電流による磁場の相殺はよく起こる。この場合、電束密度による磁場は（ビオ・サバールの法則を使って計算する場合については）常に相殺される[*1]。

---

*1 ここでは点電荷で説明したが、広がった電荷の場合も重ね合わせの原理を使えば同様に示せる。

> ☝ **念のため註その1**
> Attention
>
> 実際には電荷の増加に比べ、電束の増加は電場が伝わる時間の分遅れる。ただし、ここの対称性によって相殺するという議論には、この遅れは影響しない。

> ☝ **念のため註その2**
> Attention
>
> 教科書ではよく、ビオ・サバールの法則やアンペールの貫流則の説明に「この法則は定常電流に関する法則である」と注意書きしてある。今考えている場合、電荷は定常ではないが変位電流は定常であるから法則の適用範囲はぎりぎり逸脱してない。定常電流でないとまずい理由は、電場や磁場の伝達速度を考慮してない法則だからである。

　以上から、一見矛盾した結果を導きそうな2つの法則は、電流が止まったところでは電荷が増加してくるという、ある意味当然のことに注意すれば何の問題もなく両立することがわかった。
　電磁気の法則というのは、ほんとにうまくできている。

疑問⑭ 静電気の位置エネルギーはどこにある？

電磁気学の最初のほうで、こんなことを習ったはずである。

> **静電気の持つ位置エネルギー**
>
> 大きさ Q の電荷と大きさ q の電荷が距離 r 離れているとき、$\dfrac{kQq}{r}$ の位置エネルギーがある。

この位置エネルギー $\dfrac{kQq}{r}$ を、

$$\frac{kQq}{r} = Q\underbrace{\frac{kq}{r}}_{v} = q\underbrace{\frac{kQ}{r}}_{V}$$

と考えると、Qv とも表現できるし qV とも表現できる。

$v = \dfrac{kq}{r}$ は Q のいる場所に q が作る電位で、一方 $V = \dfrac{kQ}{r}$ というのは q のいる場所に Q の作る電位である。Qv と書こうが qV と書こうが、どっちにせよ確かに答えは $\dfrac{kQq}{r}$ であって同じである。

Q が作った電位 V の坂を q が滑り降りる

q が作った電位 v の坂を Q が滑り降りる

同じではあるのだが、ここで

> なぜ２つの考え方があるのだろう？

と疑問を抱く人もいるかもしれない。qVと書く時は「**Qが作った電位Vの中に電荷qがいる**」と考えている。これを見ると、なんとなくこのエネルギーをもっているのはqであるかのように思える。ところがQvと書くと全く逆に「**qが作った電位vの中にQがいる**」と考えて、Qがエネルギーを持っているように見える。

この２つの考え方は、式としてはどっちも正しい。ではいったい、

> 実際にエネルギーを持っているのはどっちなのだろう？？―電荷Qなのか、電荷qなのか

双方が半分ずつ持っているのか[*1]。

実はどの考え方も悪くはないのだが、さらに「エネルギーを持っているのは、Qでもqでもなく**電場**である」という考え方もできる。

---

*1 「双方が半分ずつ持っている」という考え方も悪くはない。例えば電位差Vのコンデンサーに電荷Qがたまった時、蓄えるエネルギーは$\frac{1}{2}QV$だが、この$\frac{1}{2}$の出所は「双方が半分ずつ」というところだと理解することもできる。「電位差Vのコンデンサー」というのは、＋側極板の電位が$V+v$、－側極板の電位がvだということなので、$\frac{1}{2}Q(V+v) - \frac{1}{2}Qv$で$\frac{1}{2}QV$になるというわけ。

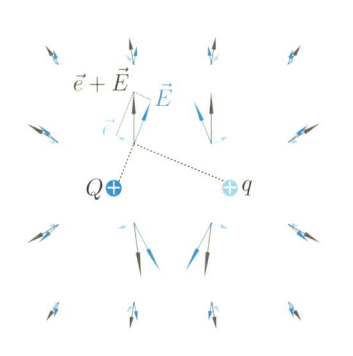

電場 $\vec{E}$ は、単位体積あたり $\frac{1}{2}\varepsilon(\vec{E})^2$ の密度でエネルギーを持つ。今もし、Q だけが存在していて、$\vec{E}$ という電場（ベクトル）を作るとしよう。同様に q だけが存在している時、$\vec{e}$ という電場を作るとする。両方が存在している場合、電場は2つの重ね合わせ、すなわち $\vec{E}+\vec{e}$ になる。

この様子を図で書いたものが上の図である。図は正の電荷が2つある場合で書いてあるが、この場合は2つの電場がほとんどの場所で重なりあうことで強めあっている。両方が存在している場合のエネルギーは単位体積あたり $\frac{1}{2}\varepsilon(\vec{E}+\vec{e})^2$ の密度となる。これは、「電荷が Q しかない場合」の電場エネルギーと、「電荷が q しかない場合」の電場のエネルギーを足した物よりも、ずっと大きい（エネルギーの式は電場の二乗に比例していることに注意！）。

2つの電荷が存在している場合の電磁場のエネルギーから、単独で存在していた場合の電磁場のエネルギーの和を引くと、

$$\frac{1}{2}\varepsilon(\vec{E}+\vec{e})^2 - \frac{1}{2}\varepsilon(\vec{E})^2 - \frac{1}{2}\varepsilon(\vec{e})^2 = \varepsilon\vec{E}\cdot\vec{e}$$

となる（最後の $\vec{E}\cdot\vec{e}$ はベクトルの内積）。つまり、2つの電荷があることによって、まわりの空間にある電場のエネルギーは $\vec{E}\cdot\vec{e}$ だけ大きくなる。これを全空間で積分すると、実はちゃんと $\frac{kQq}{r}$ になる。つまり、$\frac{kQq}{r}$ という位置エネルギーは、電荷のまわりに分布している電磁場（今の場合電場だけ）の持っているエネルギーのうち、

疑問 ⑭ 静電気の位置エネルギーはどこにある？

2つの電荷があることによって増減する部分なのである。

このエネルギーが静電気の位置エネルギーのような性格をたしかに持っていることを定性的に説明しておこう。

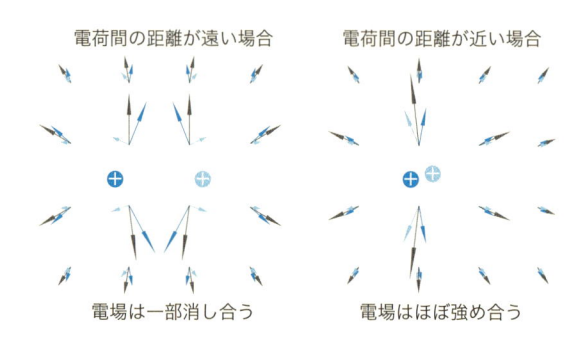

電荷間の距離が遠い場合　　電荷間の距離が近い場合

電場は一部消し合う　　　　電場はほぼ強め合う

もしQとqがどっちも正電荷だとすると、$\vec{E}$と$\vec{e}$はほとんどの場所で同じ方向を向くから、$\vec{E} \cdot \vec{e}$はたいていの場所で正となる。つまり「**正電荷2つが存在しているとエネルギーが増える**」。この2つが離れると、$\vec{E}$と$\vec{e}$が同じ方向を向いている割合が減る（Qとqの間にあたる部分では逆向いたりする）。つまり、Qとqが離れるほど$\vec{E} \cdot \vec{e}$の積分量は小さくなる、つまり「**正電荷が離れるとエネルギーが減る**」。

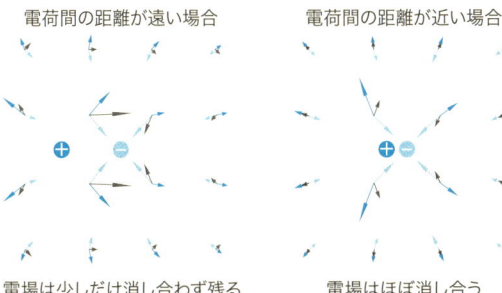

電荷間の距離が遠い場合　　　電荷間の距離が近い場合

電場は少しだけ消し合わず残る　　電場はほぼ消し合う

Qとqが逆符号の場合、ほとんどの点で$\vec{E}$と$\vec{e}$が逆を向き、$\vec{E}\cdot\vec{e}$はマイナスになり、エネルギーを下げる。Qとqが近づくほど$\vec{E}$と$\vec{e}$が同じ方向で逆向きになる度合いが上がるので「**正電荷と負電荷が近づくとエネルギーが減る**」ということになる。

ちゃんと数式で表現しておこう。問題となるエネルギーは$\varepsilon\vec{E}\cdot\vec{e}$だが、このうち$\vec{e}$のほうは、電荷$q$によってできる電場である。ここで電荷$q$が作る電位を$v$とすると、$\vec{e}$と$v$には、$\vec{e} = -\mathrm{grad}\,v$という関係がある。これを代入すると、$\varepsilon\vec{E}\cdot\vec{e} = -\varepsilon\vec{E}\cdot(\mathrm{grad}\,v)$となる。ここでgradの微分を部分積分（例によって表面項は無視）して$\varepsilon\vec{E}$のほうにかけると、

$$-\varepsilon\int \vec{E}\cdot(\mathrm{grad}\,v)\mathrm{d}V = \int \mathrm{div}(\varepsilon\vec{E})v\,\mathrm{d}V$$

となる。ところで$\mathrm{div}(\varepsilon\vec{E}) = \rho$なので、結局答えは$\rho v$となる。$\rho$は電荷密度だが、今考えている場合には$Q$が存在している場所に電荷が集中していることになるので、この式を積分した結果はQvという、電荷×もう一方の電荷の作る電位、ということになる。つまり一般的な計算から、電磁場のエネルギーと（電荷）×（電位）は

疑問 **14** 静電気の位置エネルギーはどこにある？

つながっていることが示せた。

結論。

> 電荷の場合の位置エネルギーは、回りの空間にできている電磁場が持っていると考えていい

正確には、電荷単独の場合の電磁場のエネルギーとの差をとったものが2つの電荷の相互作用の位置エネルギーになる。したがって、電磁場のエネルギーとして$\frac{1}{2}\varepsilon\left|\vec{E}\right|^2$を計算しておきながらさらに電荷の持つ位置エネルギーqVを考えたりすると、同じエネルギーを2回勘定していることになる。ありがちな間違いなので気をつけよう。

疑問 15 ベクトルポテンシャルとは何ぞや？

電磁気を勉強してベクトルポテンシャルなるものがでてきた時、「よくわからん」という感想を抱く人は多いようだ。何を隠そう、学生時代の著者もそうだった。その昔の自分を思い出してみるに、ベクトルポテンシャルについて「よくわからん」という人の多くは

> ポテンシャルがベクトルってどうゆうこと？

という疑問を抱いているのではなかろうか。

そこで話を始める切り口として、

> スカラーポテンシャルってのはどういう意味があるのか

というところから始めてみよう。

静電ポテンシャルを図で書くと右の図のような感じで、＋電気のあるあたりは高く、−電気のあるあたりは低くなる。ここに電荷qを持った物体を置くと、$q \times$（ポテンシャル）だけの位置エネルギーを持つ。そのため、qが正ならばその物体はよりエネルギーの低い（つまりポテンシャルも低い）ほう、つまり−電荷の近くに行きたがる。qが負なら、エネルギーの低いほうはポテン

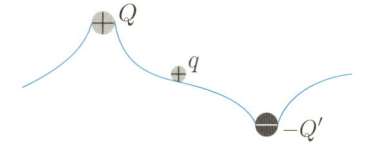

シャルの高いほうになるので、＋電荷の近くに行きたがる。

同じようにポテンシャルが出てくるというと万有引力だが、この場合は（質量）×（ポテンシャル）がエネルギーになり、電気の場合と違ってプラス質量の周りはポテンシャルが低くなるので、正の質量を持った物体はポテンシャルの低い状態になりたがる、つまり互いに近づきたがる。

以上のように考えると、スカラーポテンシャルとは「**何か（電荷だったり質量だったり）をかけたら位置エネルギーになるもの**」ととらえることができる。そうとらえると今度は「ベクトルポテンシャル」に出会った時、

> 「ポテンシャル」なのに「ベクトル」だなんて！

ということが奇妙に思えるわけだ。

実は、ベクトルポテンシャルも

> 「何かをかけたら位置エネルギーになる」という点では同じ

である。しかしそう言われたら当然の疑問として

> その『何か』って何？？

と思うだろう。ベクトルポテンシャルというベクトルとかけて、位置エネルギーというスカラーを答えとして出す以上、この「何か」は

スカラーではなく、ベクトルでなくてはいけない。実はベクトルポテンシャルと「何か」ベクトルの内積をとることで位置エネルギーが出る。

その「何か」とは何か。スカラーポテンシャルの場合、電荷とかけると位置エネルギーとなるのだから、そのことから考えると、

> ベクトルポテンシャルは電流との内積を取ると位置エネルギーになるのだな

と推測できるだろう。実際、その推測は正しい。より正確には、ちょっと余計な符号というやつがついて、ベクトルポテンシャルに電流をかけてマイナス符号をつけたものが、その電流の持つ位置エネルギーになる。

それはどういう意味を持つのか、ということを実際に起こる現象を見ながら考えてみる。電荷とスカラーポテンシャルの場合、

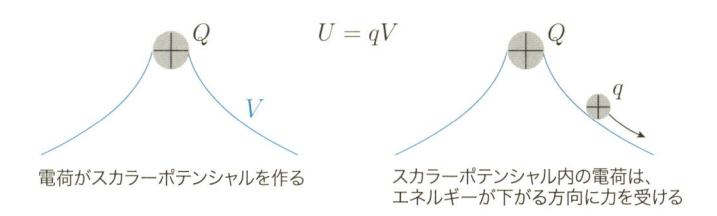

$$U = qV$$

電荷がスカラーポテンシャルを作る

スカラーポテンシャル内の電荷は、エネルギーが下がる方向に力を受ける

のような現象として電荷と電荷の間に働く力が発生する。こうして、正電荷と正電荷は離れたがる。

電流の場合に起こる物理現象は

$U = -\vec{I'} \cdot \vec{A}$

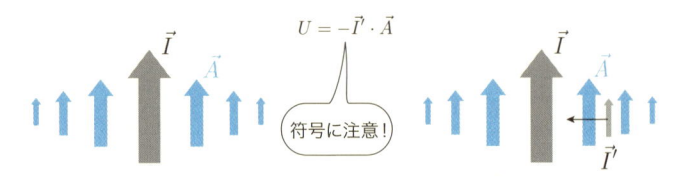

符号に注意!

電流がベクトルポテンシャルを作る

ベクトルポテンシャル内の電流は、エネルギーが下がる方向に力を受ける

となり、平行電流は近づきたがる。

電流 I の回りの空間にはその電流 I と同じ方向のベクトルポテンシャルが出現する。そのベクトルポテンシャルの中に別の電流 I' があると、電流 I' とその場所のベクトルポテンシャルの内積と同じだけの位置エネルギーを電流 I' が持つことになる。そして、物事はエネルギーの低いほうへと進むのが普通だから、電流 I' はよりエネルギーの低いほう、すなわちベクトルポテンシャルの大きいほう、つまりは電流 I の近くへとひっぱられる。これが、同方向の電流がひっぱりあう理由である。

なお、同じことをベクトルポテンシャルを使わない電磁気で説明するならば、

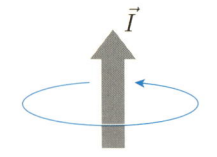

電流が右ネジの法則にしたがって磁場を作る

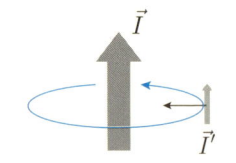

磁場中の電流は、フレミングの左手の法則にしたがって力を受ける

となるわけだが、ベクトルポテンシャルの立場では、右ネジの法則やフレミングの法則などを導入しなくても、平行電流の引力を説明

できる。

磁場が右ネジの法則に従ってできることを図示すると次の図のようになる。

電流がベクトルポテンシャルを作る　　変化するベクトルポテンシャルは0ではないrotを持つ　　ベクトルポテンシャルのrotが磁場である

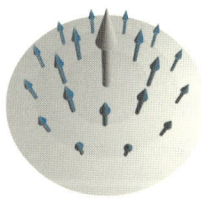

ベクトルポテンシャルは、電流から離れるほど小さい　　この方向の回転がある　　右ネジの方向の磁場ができた

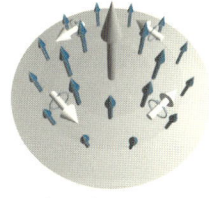

電場は電位の傾きで得られた ($\vec{E} = -\mathrm{grad}V$) が、磁束密度はベクトルポテンシャルのrotである ($\vec{B} = \mathrm{rot}\vec{A}$)。つまり、ベクトルポテンシャルを流れと見た時、その流れの中に水車を入れたら回転するのならば、その回転の軸方向に磁場ができている。

「ベクトルポテンシャルで磁場が表現できる」どころか、実は磁場を導入する必要さえない。

フレミングの左手の法則は次のように理解される。磁場はベクトルポテンシャルの回転だから、今下から上へ向かう向き（図の人差し指方向だ）に磁場があったとすると、その場所には例えば図の青矢印のようなベクトルポテンシャルがあることになる[*1]。

---

*1　磁場があるからと言ってベクトルポテンシャルが文字通り渦を巻く必要は実はない。例えば左と右で左のほうが大きくなっていたりすれば十分である。図はとりあえず一番わかりやすい状況を描いていると思ってほしい。

●磁場の方向

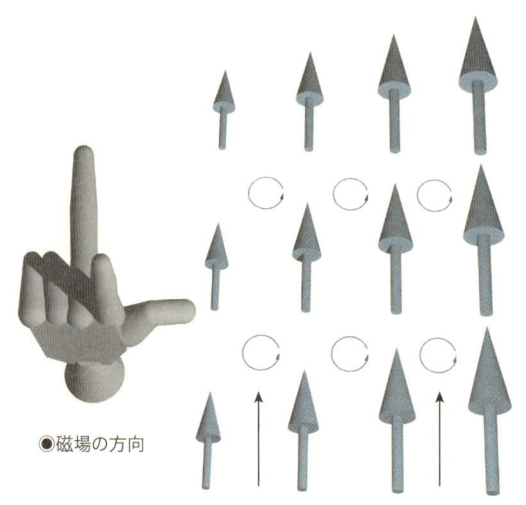

電流はこっちにいるより、こっちにいる方が
位置エネルギーが低い

　ここに図で黒矢印で描いたような電流があったとすると、どっちにいきたがるかというと、自分とベクトルポテンシャルの内積が大きくなるほうである。そのほうが位置エネルギーが小さくなる（位置エネルギーを出す式の前ににマイナス符号があることに注意）。その方向はまさにフレミングの法則が示す力の方向である。

　もしこの場所に小さい磁石があったとしたらどちらを向きたがるだろうか？

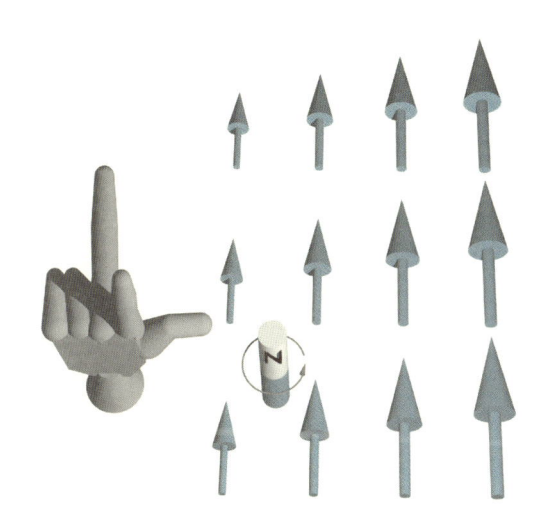

磁石というのは、実は小さな円電流である。その円電流とベクトルポテンシャルとの内積が大きくなるということは、この磁石のN極が紙面の表側になるということだ。つまり、方位磁石が磁界の方を向きたがるということも、結局はベクトルポテンシャルと電流の内積を大きくしたがる、という自然法則によって起こると考えてよい。

> 電流はベクトルポテンシャルを作る。ベクトルポテンシャルとスカラーポテンシャルによって電磁的な位置エネルギーが決定される。

という考え方で電磁現象を理解してしまうと、電磁ポテンシャルが電磁気の本質であって、電場や磁場というものが2次的なものであるということが納得できるのではないかと思う。

ここで、

> **ものぐさな学生さんからの意見**
>
> なぜスカラーポテンシャルだけで話が終わらないのだ、ベクトルポテンシャルなどというものを持ち出してきて電磁気学をややこしくするのはけしからん。

と怒られそうなので、なぜベクトルポテンシャルが必要になるか、ということを相対論との関係にからめて注意しておこう。スカラーポテンシャルは電荷と、ベクトルポテンシャルは電流と結び付いているのだから「スカラーポテンシャルだけで話を終わらせろ」というのは「電荷だけで話を終わらせろ（電流なんて出てくるな）」と言っていることと同じなのである。そりゃ無理というものだ。電荷が動いたら電流は流れてしまう。いや、電荷が動かなくても、観測しているほうが動いたら、それだけで電流は（その観測者にとっては）流れてしまうのだ。だから実は「電荷が動くと電流になる」のと同様に「スカラーポテンシャルが動くとベクトルポテンシャルになる」のである。つまり、ベクトルポテンシャルの存在は相対論的に必然なのである。

次の図を見てほしい。左側は静止している電荷であり、まわりにスカラーポテンシャルができている。電荷に近いところはスカラーポテンシャルは大きく、離れると小さくなる。図ではフォントの大きさで表した。

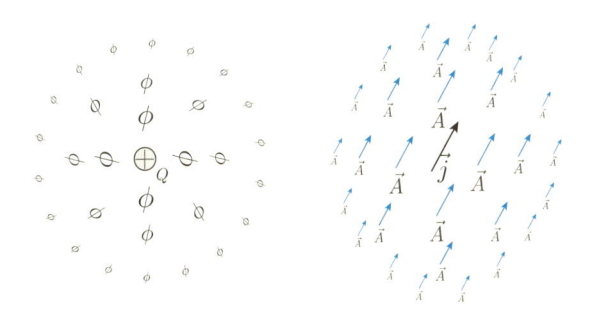

これを動きながら見ると、スカラーポテンシャルに加えて、右側の図に表されたようなベクトルポテンシャルも現れる。中心の電荷が動くことにより、回りの空間にもベクトルポテンシャルが生まれる。このベクトルポテンシャルも、スカラーポテンシャル同様、電荷に近いところほど大きい。さてこんなふうにベクトルポテンシャルの大小が変化しながら分布していると、そこには磁場があるということになる。電流によって磁場ができる、という現象は「電荷の回りのスカラーポテンシャルが動くとベクトルポテンシャルが発生する」という形で理解できるのである。

ちなみに、このベクトルポテンシャルとスカラーポテンシャルの変換は相対論における空間と時間の変換、つまりローレンツ変換

$$x' = \gamma(x - \beta ct) \quad \textbf{(15.1)}$$

$$ct' = \gamma(ct - \beta x) \quad \textbf{(15.2)}$$

と同じ式になっている[*2]。すなわち、

---

*2 ちなみに、$\gamma = \dfrac{1}{\sqrt{1-\beta^2}}$、$\beta = \dfrac{v}{c}$ である。

$$A' = \gamma(A - \beta\phi) \quad (15.3)$$
$$\phi' = \gamma(\phi - \beta A) \quad (15.4)$$

である。

　電磁気学というのは相対論にのっとった作りになっている。だから、電磁気の法則は相対論的、つまり"動きながらみてもちゃんと法則が成立する"ように作らないといけない。だから"電荷が動くと電流が発生する"ならば"スカラーポテンシャルが動けばベクトルポテンシャルが発生する"のは当然なのである。

　よって、電荷が運動する場合、ベクトルポテンシャルを導入することは避けられないのである。

疑問 16 $\vec{D}$と$\vec{E}$、$\vec{B}$と$\vec{H}$は何が違う？

電磁気の教科書で後ろのほうに出てきて初学者を悩ませるのがこの$\vec{D}, \vec{E}, \vec{B}, \vec{H}$である。

> どうして電場が$\vec{D}, \vec{E}$の2種類あるのか？

> どうして磁場が$\vec{B}, \vec{H}$の2種類あるのか？

と不思議に思ってしまう。

悩むぐらいなら言い切ってしまったほうがいい、と思うので、まず言い切ってしまおう。

> ぶっちゃけて言えば、本当に存在するのは$\vec{E}$と$\vec{B}$である。$\vec{D}$と$\vec{H}$は計算の都合上作られたものに過ぎない

では、この「ぶっちゃけて言えば」の内容を詳しく見ていこう。マックスウェル方程式は、次の4つである。

$$\mathrm{div}\vec{D} = \rho \qquad \mathrm{div}\vec{B} = 0$$
$$\mathrm{rot}\vec{H} = \vec{j} + \frac{\partial \vec{D}}{\partial t} \quad \mathrm{rot}\vec{E} = -\frac{\partial \vec{B}}{\partial t}$$

「**計算の都合上作られたもの**」は左の2つに集中している。その $\vec{D}, \vec{H}$ は「本当に存在するもの」である $\vec{E}, \vec{B}$ と、

$$\vec{D} = \varepsilon_0 \vec{E} + \vec{P}, \qquad \vec{H} = \frac{1}{\mu_0}\vec{B} - \vec{M}$$

という関係にある。

というわけで、この方程式の意味を考えればいい。まずは $\vec{D}$ のほうからいこう。

👍 $\vec{D}$ とは何か？

真空中の話を考えてるのならば、$\vec{D}$ を考える必要は全くない。真空中のマックスウェル方程式の $\mathrm{div}\,\vec{D} = \rho$ に対応する式は、

$$\mathrm{div}\,\vec{E} = \frac{\rho}{\varepsilon_0} \quad \text{または、} \quad \mathrm{div}\left(\varepsilon_0 \vec{E}\right) = \rho$$

である。物質中だと何が起こるかというと、この電荷 ρ が2種類に分かれる。「**真電荷**」$\rho_\text{真}$ と、「**分極電荷**」$\rho_\text{分}$ である。

物質は原子・分子でできていることはいうまでもない。そして、その原子や分子は電気を持っている。例えば食塩（塩化ナトリウム）は＋電荷を持ったナトリウムイオン（Na^+）と−電荷を持った塩素イオン（Cl^-）でできている。また、水分子（$\mathrm{H_2O}$）は、水素の部分はどちらかというと＋に、酸素の部分はどちらかというと−に帯電している。この時、酸素分子から水素分子へ向かう方向に「分極」が生じているという。

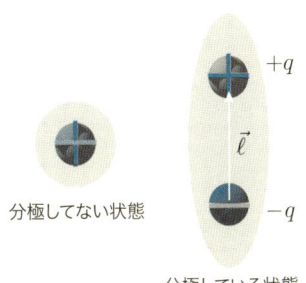

この分子の電気双極子モーメントは $q\vec{\ell}$

単位体積あたり、この $q\vec{\ell}$ がどれだけあるかを、

分極ベクトル $\vec{P}$ で表現する

分極してない状態

分極している状態

コップに水が入っているところを見たら、「あ、電荷がある」とは普通思わないが、実は分子レベルでは電荷が存在している。分極によって生じた「電気双極子モーメント」の空間密度が分極 $\vec{P}$ なのだが、普通の場合、電気双極子はいろんな（乱雑な）方向を向いているため、物質で平均をとった分極 $\vec{P}$ は0になっていることが多い。

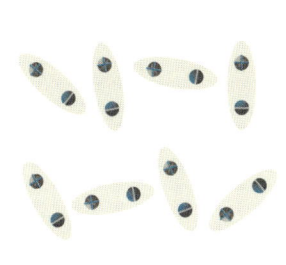

外部電場なし。
双極子モーメントは
でたらめな方向を向いている

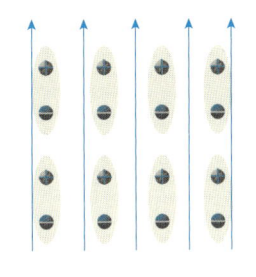

外部電場により
双極子モーメントが
揃えられた（極端な）状況

分極 $\vec{P}$ が0でない値で存在するのは、外部から電場がかけられて電気双極子モーメントが偏った配置を取った場合である（もっとも極端な場合ではきれいに一方向に並ぶことになるが、実際にはそ

疑問 16 D と E、B と H は何が違う？

ういう状況はなかなか起きない)。

この分極という現象により、物質中に電荷が生まれる。この分子レベルでの(ゆえに肉眼では確認しがたい)電荷分布の電荷密度を$\rho_分$と書くことにしよう。

もし分極がどこでも一様に起こっているのならば、この「分極による電荷密度」は、0だと思ってかまわない。

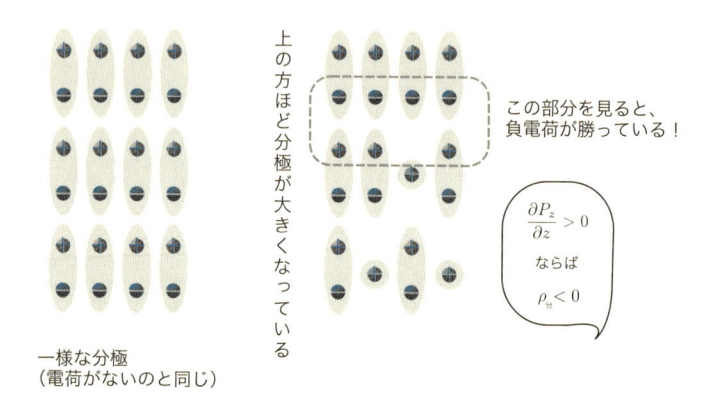

一様な分極
(電荷がないのと同じ)

上の方ほど分極が大きくなっている

この部分を見ると、負電荷が勝っている!

$\dfrac{\partial P_z}{\partial z} > 0$
ならば
$\rho_分 < 0$

ところがそうだとは限らず、例えば図のようにz方向の分極がz方向に進むと大きくなっている($\dfrac{\partial P_z}{\partial z} > 0$)時は、そこに負の電荷があることになる。$x, y$方向も勘定にいれてちゃんと計算すると、

$$\frac{\partial P_x}{\partial x} + \frac{\partial P_y}{\partial y} + \frac{\partial P_z}{\partial z} = \mathrm{div}\vec{P} = -\rho_分$$

という式が成立していることがわかる。というわけで、$\mathrm{div}\left(\varepsilon_0 \vec{E}\right) = \rho$という式は

$$\mathrm{div}\left(\varepsilon_0 \vec{E}\right) = \rho_真 + \underbrace{\rho_分}_{=-\mathrm{div}\vec{P}}$$

と書き直せるわけだが、これを見て

> 両辺にdivがあるから、右辺の$\mathrm{div}\vec{P}$を左辺に移項してまとめちゃえば楽なんじゃない？

と気がついた人がいた[*1]。そして、

$$\mathrm{div}\Big(\underbrace{\varepsilon_0 \vec{E} + \vec{P}}_{=\vec{D}}\Big) = \rho_{\text{真}}$$

という式ができた。このまとめちゃった部分を$\vec{D}$と定義したわけである。

👍 $\vec{D}$に関するよくある質問

を、まとめて書いておこう。

✋ よくある質問1
Question

分極電荷も電荷なのだから、真電荷と分けて考える意味はあるのか？―2つまとめて電荷として考えてはなぜいけないのか。そうすれば$\vec{D}$なんていらないじゃないか。

ごもっともであるが、真電荷と分極電荷には大きな違いがあり、「どっちも電荷じゃないか」というわけにはいかないのである。その

---

*1 というのは「見てきたような嘘」という奴で、実際に$\vec{D}$と$\vec{E}$が使われるようになった歴史はもっと複雑である。ここでは実際の歴史を無視してフィクションを語っている。

大きな違いとは、

> 真電荷は目に見え、動かせる（測定したりコントロールしたりできる）が、分極電荷はそうではない

ということである。実験装置を組み立てるときに「ここに真電荷を置こう」と考え実行することはできるが、分極電荷はそうはいかない。よって、制御できない分極電荷を式から追い出すことには意味があるのである。

✋ よくある質問 2
Question

物質が存在することによる変化は、数式に$\mathrm{div}\vec{P}$が入るせいだということになると、もしも$\mathrm{div}\vec{P}=0$ならば、物質中の電場と真空中の電場には何の違いもないのではないのか？

もし宇宙の端から端までどこまでいっても$\mathrm{div}\vec{P}=0$であったとするなら、もちろん何の違いもあるはずがない。ところが、実際には誘電体には必ず端というものがあるので、物質中の電場は真空中とは違ったものになってしまう。

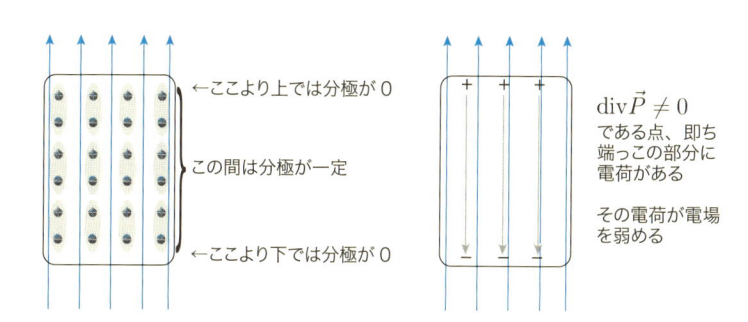

←ここより上では分極が 0

この間は分極が一定

←ここより下では分極が 0

$\mathrm{div}\vec{P} \neq 0$
である点、即ち端っこの部分に電荷がある

その電荷が電場を弱める

上の図のように、電場中におかれた誘電体には分極が発生し、その分極の「端っこでの変化」の結果、誘電体内部の電場が真空中とは違う値に変わってしまうということになる。

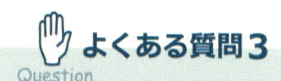

よくある質問3
Question

$\vec{P}$ ができたことによって電場が弱まるのなら、それによって $\vec{P}$ が小さくなるはず。鶏と卵の関係のように影響しあうのでは？

もちろんその通りだが、$\varepsilon_0 \vec{E} + \vec{P} = \vec{D}$ という式は、いわば平衡点での関係式である。そういう影響の及ぼし合いが落ち着いた後に成り立っている式だと思ってほしい。だから、激しく変動する電場に対しては、分極はこの式の通りにならないこともある。

👍 $\vec{H}$ とは何か？

同様に考えると $\vec{H}$ の意味は理解しやすい。まずは全体のストーリーを語ろう。

まず、真空中では

$$\mathrm{rot}\left(\frac{1}{\mu_0}\vec{B}\right) = \vec{j} + \frac{\partial}{\partial t}\left(\varepsilon_0 \vec{E}\right)$$

という式が成立するのだが、物質中ではこの $\vec{j}$ が「真電流」$\vec{j}_真$ と「分子電流」$\vec{j}_分$ に分かれるのである。そして、実は分子電流は

$$\vec{j}_分 = \mathrm{rot}\vec{M} + \frac{\partial}{\partial t}\vec{P}$$

と書くことができる。よって、

$$\begin{aligned}\mathrm{rot}\left(\frac{1}{\mu_0}\vec{B}\right) &= \vec{j}_真 + \underbrace{\mathrm{rot}\vec{M} + \frac{\partial}{\partial t}\vec{P}}_{=\vec{j}_分} + \frac{\partial}{\partial t}\left(\varepsilon_0\vec{E}\right) \\ &= \vec{j}_真 + \mathrm{rot}\vec{M} + \frac{\partial}{\partial t}\underbrace{\left(\varepsilon_0\vec{E} + \vec{P}\right)}_{=\vec{D}}\end{aligned}$$

となるが、ここでまたさっきのあの人が

> 両辺に rot があるから、右辺の $\mathrm{rot}\vec{M}$ を左辺に移項してまとめちゃえば楽なんじゃない？

と気がついた[*2]。そして、

---

*2 というのももちろん嘘である。しかし、今の時代から考え直すと、こういうフィクションのほうが筋道がはっきりしている。

$$\text{rot}\left(\underbrace{\frac{1}{\mu_0}\vec{B} - \vec{M}}_{=\vec{H}}\right) = \vec{j}_\text{真} + \frac{\partial \vec{D}}{\partial t}$$

という式を作った、というわけである。

では以下で、

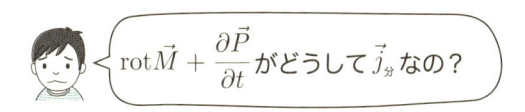

> $\text{rot}\vec{M} + \dfrac{\partial \vec{P}}{\partial t}$ がどうして $\vec{j}_\text{分}$ なの？

という疑問に答えてみよう。このうち、$\dfrac{\partial \vec{P}}{\partial t}$ が電流密度になるのは単純な話で、$\vec{P}$ は単位体積あたりの電気双極子モーメントであり、その微分というのは、結局「電荷の移動」すなわち「電流」を表している。

では $\text{rot}\vec{M}$ がなぜ電流なのか。「$\vec{P}=$ 単位体積あたりの電気双極子モーメント」であったように、「$\vec{M}=$ 単位体積当たりの磁気双極子モーメント」である。ここで磁気双極子モーメントを「N極とS極のあるもの」(すなわち、永久磁石の小さいもの)と思い浮かべてはいけない。磁気双極子モーメントはむしろ、「電磁石の小さいもの」なのである。

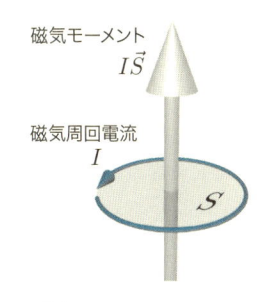

その小さな電磁石の磁気モーメントは、$I\vec{S}$ である(電流 I と、回路の面積 S の積。ベクトルは面積の法線方向を向く)。

このような「微小な電磁石」がもし一様に並んでいたら(即ち、$\vec{M}$ が定数ならば)、電流は隣どうしで消し合ってしまうので、$\vec{j}=0$ と

なる。

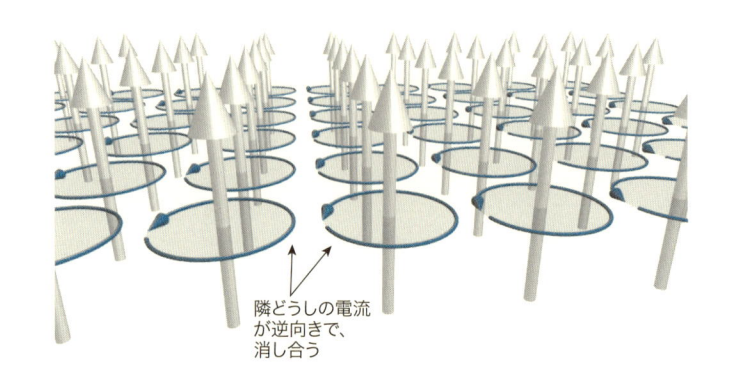

隣どうしの電流が逆向きで、消し合う

　一様でない場合、消し合わずに残る電流密度$\vec{j}$ができあがることになる。

　右に行けば行くほど磁気双極子モーメントが大きくなっている場合を右の図に示した。一様であれば消し合う電流がこの場合は消し合わず、少し残る。右が

右へ行くほど大きくなる磁気モーメント（周回電流）

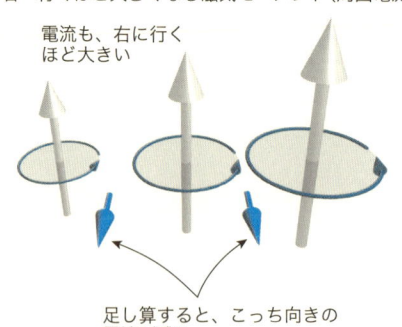

電流も、右に行くほど大きい

足し算すると、こっち向きの電流が残る

y軸方向、上がz軸方向とするならば$\dfrac{\partial M_z}{\partial y} > 0$という状況であり、この時には$x$軸方向の電流があるのである。

　上に行けば行くほど磁気双極子モーメントが大きくなっている場合も、次の図のように電流が少し残る。残る電流は今度は向こう向

き（x軸反対方向）である。これは$\dfrac{\partial M_y}{\partial z} > 0$という状況であり、この時には$-x$軸方向の電流があるのである。

この2つが両方起こっているとすれば、流れる電流密度のx成分j_xは$\dfrac{\partial M_z}{\partial y} - \dfrac{\partial M_y}{\partial z}$に比例してくることになる（実際、比例定数が1になるのはちゃんと計算したら確かめることができるが省略する）。これはつまり、$\vec{j} = \text{rot}\vec{M}$ということである。

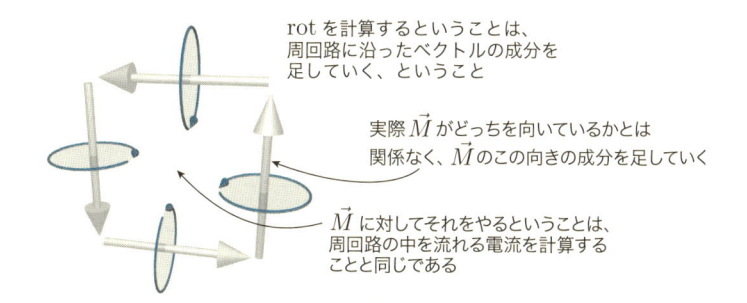

上に行くほど大きくなる磁気モーメント

足し算すると、こっち向きの電流が残る

$\vec{j} = \text{rot}\vec{M}$は、上のような図を書いても理解できるかもしれない。

rotを計算するということは、周回路に沿ったベクトルの成分を足していく、ということ

実際$\vec{M}$がどっちを向いているかとは関係なく、$\vec{M}$のこの向きの成分を足していく

$\vec{M}$に対してそれをやるということは、周回路の中を流れる電流を計算することと同じである

さて、以上で、

$$\text{rot}\left(\dfrac{1}{\mu_0}\vec{B}\right) = \vec{j}_{\text{真}} + \text{rot}\vec{M} + \dfrac{\partial}{\partial t}\underbrace{\left(\varepsilon_0 \vec{E} + \vec{P}\right)}_{=\vec{D}}$$

となることがわかったので、この$\text{rot}\vec{M}$を左辺に移項して、

疑問 **16** DとE、BとHは何が違う？

$$\mathrm{rot}\left(\underbrace{\frac{1}{\mu_0}\vec{B}-\vec{M}}_{=\vec{H}}\right)=\vec{j}_{真}+\frac{\partial \vec{D}}{\partial t}$$

という式を作ることができる。つまり、分子電流の影響を実際の磁束密度と合算して考えてしまうのが磁場 $\vec{H}$ である。

以上のように、$\vec{D},\vec{H}$ は式を簡素化するために導入されたものであって、物理的本質は $\vec{E},\vec{B}$ のほうにある。

疑問 17 何がなんでも $E = mc^2$?

もしかしたら、世界で一番有名な式かもしれない、$E = mc^2$。

よくある質問

左辺の E って、いったい何のエネルギーなの？ どんなエネルギーでも、質量 m に関係するの？

について説明していこうと思う。

1つ、具体的な例を挙げよう。

即答できますか？

水分子2個($2H_2O$)の質量は水素分子2個($2H_2$)と酸素分子1個(O_2)の質量の和より小さいの？

という質問である。水素と酸素が燃えて水になるわけだから、水になるとエネルギーは小さくなる(その差の分だけ熱などが発生する)。$2H_2O$ と $2H_2 + O_2$ の持っているエネルギーの差は通常化学的エネルギーと呼ばれる。ではこのエネルギーの分、$E = mc^2$ に従って質量は減るのだろうか？——という問いである。

この問いに対して

ちょっと困っちゃう解答

確かに水分子2個（$2H_2O$）のエネルギーは水素分子2個（$2H_2$）と酸素分子1個（O_2）のエネルギーの和より小さいが、だからと言って質量が軽くなったりはしない。$E=mc^2$の式にしたがって質量が変わるのは核反応みたいな特別な場合だけである。

などと考えている人がいたら、ぜひ以下を読みながら考え直していただきたい。

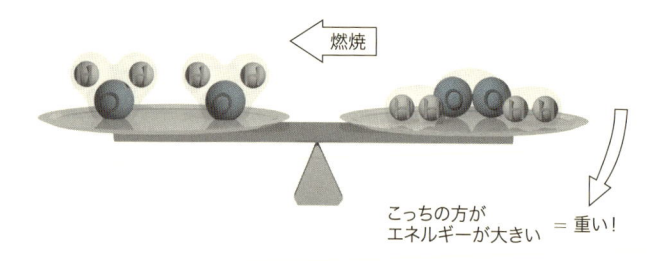

燃焼

こっちの方が
エネルギーが大きい ＝ 重い！

実は、$2H_2 + O_2$のほうが重いのである。

水素原子で考えるのはたいへんなので、電荷をためているコンデンサとたまってないコンデンサで考えよう。実はこの2つも質量が違う（前者のほうが重い）。

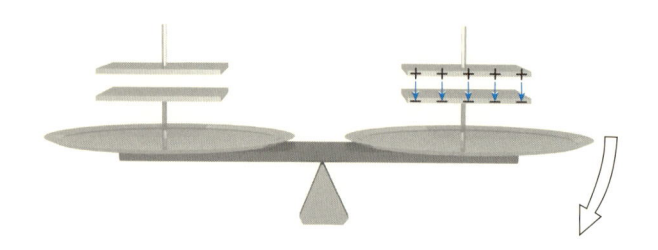

「電荷が入った分重くなった」と考えてはいけない。コンデンサに電荷がたまるというのは、「負電荷（自由電子）が一方からもう一方に移動して、移動先が負に、移動元が正に帯電する」という状況であり、単に移動が行われただけで物質の内容は変わっていない。「それなら質量だって変わらないはず！」と思ってしまうのは $E=mc^2$ の意味がわかっていないからである。

そこで

> そもそも「質量」って何？

ということを考えてみる。ニュートンの運動方程式 $F=ma$ からわかるように、同じ力で押しても、質量が大きければ大きいほど、加速度が小さくなる。つまり、質量とは「動かしにくさ」の指標である。つまり、「電荷のたまったコンデンサとたまってないコンデンサでは、電荷のたまっているコンデンサのほうが動かしにくい」のである。これは相対論がどうのこうのなんて言わなくても電磁気の知識だけから出てくる。

なぜ動かしにくいのかを、まずは極板間の電場がどうなるかを考えて次の図で説明しよう[*1]。

---

*1 ただし、この説明はあくまで概念的なもので、真面目に計算するには、いろいろとややこしい問題があるのだが、そこは省略している。

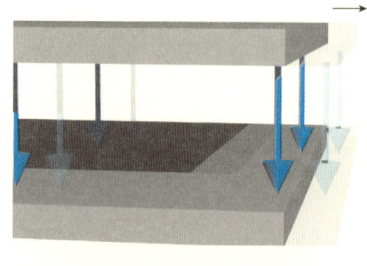

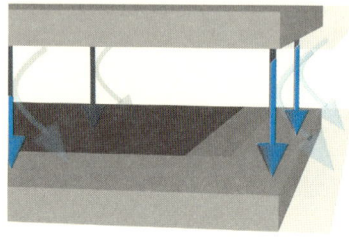

コンデンサをすっと横に移動させる

この時、その場所にある電気力線は一緒に移動するかというと、そうはいかなくて、

こんなふうに少し遅れてついてくる

こうなる理由は、
「電場の変化は光速という、速いけど有限の速度で伝わるから」
とも言えるし、
「電磁誘導現象により電場の変化を防げられるから」
とも言える

　なぜ電磁誘導現象が電場の変化を妨げるかについても説明しよう。

　図のようにコンデンサが動いていく時、極板の進行方向前方では、さっきまで電場がなかった場所に電場が現れたことになる。

　ところで電磁気にはマックスウェル方程式でいうと

$$\mathrm{rot}\vec{H} = \frac{\partial \vec{D}}{\partial t}$$

$$\mathrm{rot}\vec{E} = -\frac{\partial \vec{B}}{\partial t}$$

で表される法則（注：上の式では電流は0とおいた）がある。この2つの式を言葉で表すと

> ●「電場が変化する時、その場所には、その電場に対して右ネジの方向に磁場がある」($\mathrm{rot}\vec{H} = \dfrac{\partial \vec{D}}{\partial t}$)
> ●「磁場が変化する時、その場所には、その磁場に対して左ネジの方向に電場がある」($\mathrm{rot}\vec{E} = -\dfrac{\partial \vec{B}}{\partial t}$)

となる。ちなみによく知られている

> **レンツの法則**
>
> 「磁場が変化すると、その磁場の変化を打ち消すような磁場を作る電流を流そうとする電場が発生する」

は、以上2つの組み合わせからできる法則である。

話を極板の進行方向前方に戻す。電場がなかった場所に電場が現れた、ということは電場が変化したのだから、それに対して右ネジの方向に磁場が発生する。さっきまでなかった磁場が発生したので、その磁場に対して左ネジの方向に電場が発生する。実際にそこに存在する電場は、元からある電場に今導かれた電場を足したものである。

下向き電場が増加すると… 　右ネジ方向に磁場ができる 　磁場の変化はさらに電場を生む 　電場を合成することで、電場が曲がる

結果として、電場は「ここに移動しているだろう」と思われた位置より少し後ろに下がった位置にいることになる。この後ろ髪ならぬ「後ろ電気力線」に引かれて、極板には加速方向と逆向きの力がかかる（上には＋電気が、下には－電気がいることに注意）、その分だけ、「動かしにくくなる」。

細かい計算はかなりややこしい部分を含むので省略するが、この「ちょっと重くなる」部分を計算すると、ちょうど質量が電磁場のエネルギー $\div c^2$ だけ大きくなったと思えばよいだけの量になる。

以上の話には、相対性原理だとか、光速度不変うんぬんの話だとか一切出てこない。つまり相対論的見地抜きで、$E=Mc^2$ が出てくる話になっている。だから、

> アインシュタインが唱えた $E=Mc^2$ は、そんな単純な話じゃないんじゃないのか？？？

という疑問がわくかもしれない。上の話だと、質量が増えているなどという高尚（？）な話じゃなく、ただ単に電場というひっかかりがあるから動かしにくくなっただけに思えるだろう。でも元の問題を思い出して、コンデンサーじゃなく水素分子の中にある電場や磁場

も同じような現象を起こすであろう、と思ってほしい。目に見えるコンデンサーならば、われわれは「あ、極板が後ろ電気力線に引かれているな」とイメージすることもできる。しかし、水素分子が動いている時に「お、水素分子の中の電子の電気力線がゆがんでおるゆがんでおる」などとイメージすることはない。むしろ、水素原子全体の運動だけを感知する。そういう立場に立てば、「動かしにくくなった」と思うのではなく、「質量が大きく(あるいは小さく)なったなぁ」としか観測できないのである。

念のために書いておくが、水素と酸素が水になった程度では、もちろん質量差は無視できる程度に小さい。

そもそもアインシュタインはすでにできあがっていた電磁気学を尊重して(力学と電磁気が矛盾しているからと力学のほうを変更して)相対論を作ったのだから、電磁気的計算から質量が増大することがわかるのは実は不思議でもなんでもない当然のことなのである。

実際、アインシュタインが特殊相対論を出すより前に、ポアンカレが電磁場の「質量にあたるもの」M が電磁場のエネルギー E と

$$E = Mc^2$$

の関係にある(さらに、これは速度とともに増加する)という答えを出していたというのは有名な話である。つまり、歴史は、

1. まず電磁気の世界の中で、エネルギーと「動かしにくさ」に関係があることが判明。

2. その「動かしにくさ」は運動とともに増大することが判明。
3. そこにアインシュタインが現れて、力学のほうを電磁気向けに書き直し、「特殊相対性理論」を作った。

というふうに流れたのである[*2]。

こう考えるならば、化学的エネルギーも所詮は分子の電磁気的エネルギーなんであって、ということは分子のまわりにある電磁場のエネルギーなんだから、それに差があれば質量（動かしにくさ）に差があるのも当然、ということになる。

> **読者の頭を混乱させることになるかもしれない蛇足**
>
> 観測される電子の質量は「芯の質量」＋「まわりの電場の質量」と考えられるが、電子を点だとして、点電荷のまわりにある電磁場の質量を計算すると無限大になってしまう。観測される質量を有限にするには芯の質量をマイナス無限大にしなくてはいけない。蛇足に蛇足を重ねると、芯の質量ってのも、しょせんはヒッグス粒子との相互作用からきたものなのだが。

---

*2 残念ながらと言うべきか、面白いことにと言うべきか、実際の歴史はこんな直線的なものではなく、いろんな事象が複雑に絡みながら進んでいる。

疑問 18 光の質量に関する FAQ

相対論の話をしていると「光の質量」に関係したことで、あまりにも多くの人から同じ質問が(そのたびに説明しているにもかかわらず何回も何回も)出てくる。というわけでここに回答をまとめよう。

FAQ その1
Question

光って質量がないのに運動量があるの？
or
光って運動量があるのに質量がないの？

運動量というと mv すなわち(質量)×(速度)と覚えてしまうとこういう疑問が出るのは当然だ。運動量というものをもっと広く定義してあげないとだめなのである。

説明その1：相対論的に定義せよ

ニュートン力学では運動量 $p = mv$ で、エネルギー $E = \frac{1}{2}mv^2$ だった。だから運動量とエネルギーの関係は

$$2mE = p^2$$

となる。この式をみれば、$m=0$ なら $p=0$ になってしまいそうだ。ところが相対論ではこの式は形をかえて、

$$p^2c^2 + m^2c^4 = E^2$$

という式になる。この式は、$E = mc^2 + \epsilon$ として、ϵ が mc^2 より十分小さければ、ϵ^2 を無視するという近似では

$$p^2c^2 + \underbrace{m^2c^4}_{相殺 \rightarrow} = \underbrace{m^2c^4}_{\leftarrow 相殺} + 2mc^2\epsilon + \underbrace{\epsilon^2}_{ここは無視}$$

$$p^2c^2 = 2m\epsilon c^2$$

$$\frac{p^2}{2m} = \epsilon$$

となって、非相対論的な式と同じになる(相対論的エネルギーは非相対論的エネルギーに比べ mc^2 だけ言わば「下駄がはかされている」)。

$p^2c^2 + m^2c^4 = E^2$ のほうに $m = 0$ を代入すると、$p^2c^2 = E^2$ となるが、この場合は $p = 0$ にはならない。$p = Ec$ が解(p は運動量の絶対値を表しているとして、正だとしよう)である。

ところで、この $p^2c^2 + m^2c^4 = E^2$ で特に $p = 0$ の場合の式が有名な $E = mc^2$ なのだが、元の式である $p^2c^2 + m^2c^4 = E^2$ のほうを見ずに $E = mc^2$ のほうだけを見て「光もエネルギーがあるから質量がある」と思っている人もいるようである。正しい式 ($p^2c^2 + m^2c^4 = E^2$) で考えれば、$E \neq 0$ でも、$m = 0$ になっても問題ないことがわかる。

> つまりエッセンスは「相対論的な話をするのなら相対論的なエネルギー・運動量・質量の関係 $p^2c^2 + m^2c^4 = E^2$ を使って話をしろ」ということである

説明その2：運動量の意味に戻って考えよう

ニュートンは運動量と力の関係を

$$F = \frac{dp}{dt}$$

と書いている（ニュートン本人がこんなふうにライプニッツの記号を使って書いたわけではない）。これは別の書き方をすれば

$$Fdt = dp$$

であり、

> ある「もの」に力が働けば、その「もの」の運動量が力に時間をかけた分だけ増える

ということを表す。

また、作用反作用の法則（2つの物体の間に働く力は向きが逆で大きさが同じ）とこの運動方程式を組み合わせると、「2つの物体の間に力が働いていて、それ以外には力が働いていなかったならば2つの物体の運動量の和は変化しない」という、所謂運動量保存則を導くことができる。

これはつまり、

運動量保存則

ある「もの」に力が働いて運動量が増えたとすると、その力を働かせた「もの」の運動量は、ちょうどその分だけ減る。結果として2つの「もの」の運動量の和は保存する。

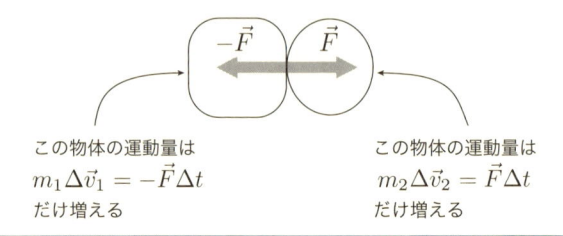

この物体の運動量は
$m_1 \Delta \vec{v}_1 = -\vec{F} \Delta t$
だけ増える

この物体の運動量は
$m_2 \Delta \vec{v}_2 = \vec{F} \Delta t$
だけ増える

ということ。高校物理の範囲ぐらいだと、ここで書いた「もの」というのは質量を持った物体に限っている。しかし、運動量保存則という便利な法則を使うためには「力を働かせる」という作用があるものにはみんな運動量があるほうがいい。

光だって力を作用させることができる。例えばコンプトン効果というのは光が電子を押すという現象である。だから、光にも運動量がある。

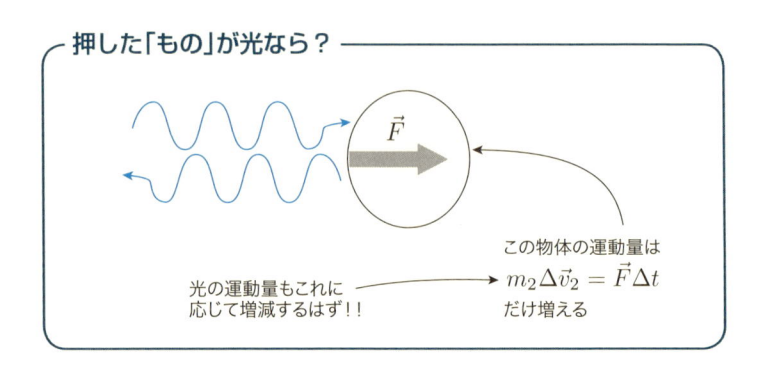

押した「もの」が光なら？

光の運動量もこれに応じて増減するはず!!

この物体の運動量は
$m_2 \Delta \vec{v}_2 = \vec{F} \Delta t$
だけ増える

「光に力なんてない」と日常的感覚で思う人がいるかもしれないが、実際にはちゃんとある。その辺の電灯の光も、あなたや床や机や、光があたる物体を押しているのである。ただし、30Wの電球が出せる力は、その光を全部別の物体が受け止めたとしても、10^{-7}ニュートンである。こんなに小さいので普段認識せず「光に力なんてない」と思いこんでしまっているのである。思いこみは禁物だ。

そんな力があるなんて信じられない、という人のために、光が力を出せることを納得できる方法をもう1つ。光というのは電磁波である。電磁波とは、電場と磁場が組になって波として進行するものである。電場は電荷にクーロン力を及ぼし、磁場は電流（あるいは、動く電荷）にローレンツ力を及ぼす。これを疑う人はいないだろう。光の正体である電磁場が力を出せるのだから、光も力を出せるに決まっている。

> つまりエッセンスは「力を出せるものには運動量がある！」ということなのだ。

なお、実際に光の運動量を式で求める時には、クーロン力やローレンツ力が電荷にかかることによって、電荷の運動量がどれだけ増えるかを計算し、その時にそれに応じて減る量（電場と磁場で書かれる）を求める。

👍 FAQ その2：光は質量がないのに、なんで重力場中で曲がるの？？

これもちゅ～～とはんばに一般相対論の話を聞いた人がよく考え込んでしまう疑問。重力を「質量×重力加速度」と機械的に覚え込んでしまうと、こういう疑問がわくわけだけど、当然ながら、物事は相対論的に考えなくてはいけないのである。特に、一般相対論的に考えなくてはいけない。

というわけで、

> ✋ **疑問その1**
> Question
>
> 一般相対論において重力場中で物が落ちるというのはどういうことなのか？

を考えてみよう。注意事項として、一般相対論において、重力と他の力（電磁力とか分子間力とか）とは全く違う種類の力と考えられている。極端な言い方をすれば、

> 一般相対論の文脈において、重力は「力」ではない

のである。では何かというと、

> 一般相対論の文脈において、重力は時空の曲がりの影響である

と言える。

時空の曲がりというのも注意深く考えなくてはいけない。時空のうち時間のほうへの影響を述べておくと、

> 高いところのほうが時間がたつのは速い

ということがある。この表現も誤解されやすいのでもう少しちゃんと書いておこう。そもそも「時間がたつのが速い」と言われても「速い遅いは誰が判断するんだよっ」という問題があるわけである。とりあえず、誰かが決めてやらなくてはいけない。ブラックホールなど、一般相対論的に考える時は、「無限遠で静止している人の時計と比較する」という形を取ることが多い。つまり、いろんな高さにある時計から、無限遠にいる人が「時報」を受け取るわけだが、その時報と時報の間隔を無限遠で調べると、自分が持っている時計の時報と時報の間隔よりも長くなっている。

無限遠というのはつまり「一番高いところ」なので、無限遠にいる人から見ると、他の時計はみな遅れているように観測されるのである。無限遠から見ると、低いところでは時間自体が遅くなっているので、その場所の光も（無限遠から見ると）スピードが遅くなることになる。

こう書くと「光の速さは一定ではなかったのか？？？」と文句を言う人がいるので先回りして弁明しておくと、特殊相対論の光速度不変の原理は、一般相対論においては

> **一般相対論における光速度不変**
>
> 光が存在している場所の時間と空間の尺度で測れば、光の速度は一定である。

というふうに修正される。無限遠の時間の尺度と光が存在している場所の時間の尺度は違うので、無限遠にいる人からみたら光の速度が遅くなっても、しょうがない…というか、そうなって当然なのである。

時空が曲がるとなぜ光が落ちるのかというと、幾何光学におけるフェルマーの原理（光は到着時間が最短になる光路を選択する）にしたがって光が進行するからである。

ある場所からある場所に光を届かせたいとする。どういう道を通れば最短時間で到着できるだろう？

途中で水だのガラスだの、屈折率が違う媒質を通らない限り、「直線！」という答えになりそうだが、上で書いたように、光の速度が高さによって違うと、「ちょっと高いところまで登って、光速の速い場所を通ることで時間が節約する」という戦略をとったほうが、単にまっすぐ進むよりも速く到着できることになる。これが「光が曲がる」理由である。

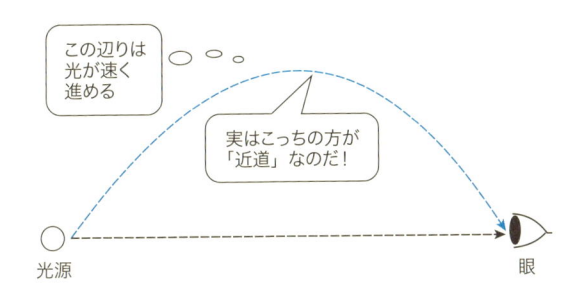

図中の吹き出し:
- この辺りは光が速く進める
- 実はこっちの方が「近道」なのだ！

光源　　　　　　　　　　　　　眼

なお、フェルマーの原理が成立する理由は実は「光が波だから」という点に集約される。つまり、

> 光が重力場中で曲がることに質量のあるなしは関係ない。波であること、波の速度が高さによって違うことが原因である。

時空の曲がりだけではなく、空間の曲がりも光の曲がりに寄与するが、フェルマーの原理で光路が決まるという点では同様である。

質量のある物質が重力場中で進路を曲げる理由に関しても、物質を（量子力学的に）物質波と考えれば同じ理屈で説明できることになる。ちなみに物質波に対してフェルマーの定理を適用するということは、本質的には力学において最小作用の原理を適用するのと同じことなので、別に量子力学を使わなくても、最小作用の原理を使えば物体の運動は計算できる。

なお、よく

> どうして重力があると時空間が曲がるのですか？

という質問を受けるが、話は逆であって、「**時空間が曲がっているせいで物がまっすぐ進まなくなっている状態**」を我々は「**重力がある**」と呼んでいるのである。

「じゃあ、エネルギーがあると時空が曲がるのはなぜ？」と聞かれたら、今のところは「それが物理法則だから」という答えしかない（将来のことはわからないが）。

FAQ その3：光は質量がないんだから、重力を作らないよね？

という誤解もたいへん多い。しかし、アインシュタイン方程式

$$R_{\mu\nu} - \frac{1}{2}g_{\mu\nu}R = \kappa T_{\mu\nu}$$

を見てみるとわかるように、重力を作るのは（空間を曲げるのは）質量ではなくエネルギー運動量テンソル $T_{\mu\nu}$ なのである。

FAQ その1に書いたように、光は質量はなくてもエネルギーや運動量はあるのだから、ちゃんと空間を曲げる（重力を作る）。

疑問 19 双子のパラドックスの解決

相対論で有名な「双子のパラドックス」というものがある。「パラドックス」という名前がついているために何か未解決な問題が相対論に残されているかのように考えている人がいるが、そういうことは全くない。ある意味「とっくの昔に解決している問題」である。

> **双子のパラドックス**
>
> 双子の兄が光速の80％で飛ぶロケットで24光年向こうまで旅をして、Uターンして地球に帰ってきた。24光年÷0.8光速＝30をして、さらに往復分として×2してあげると、ロケットの往復には60年かかることになる。地球に残っていた双子の弟はこの間に60年を経験したが、相対論的効果により兄は36年しか経験していなかった。しかし弟から見れば移動したのは兄だが、兄から見れば弟のほうが移動しているのではないのか。それなのに兄のほうが若くなるという不平等が起こるのはなぜか？

というものだ。

実際にこういう現象が起こることは、理論的にも実験的にも確かである。ただし、光速の80％などという速度のロケットはもちろんないので、このような話は今のところは架空の話である。

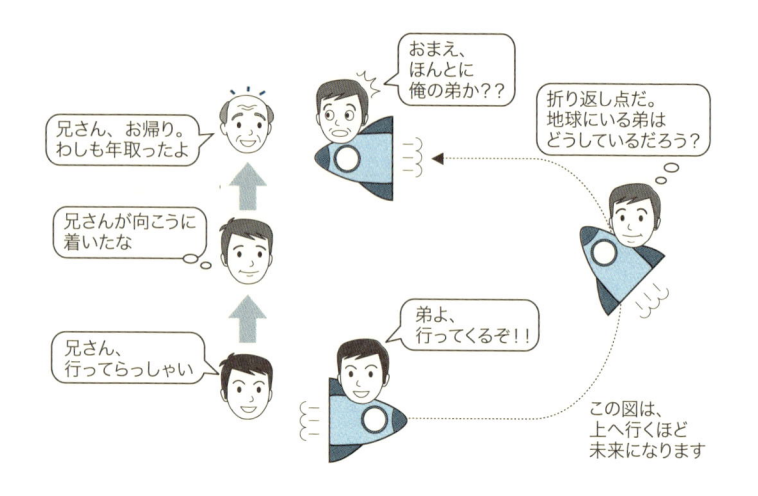

> 兄さん、お帰り。わしも年取ったよ
>
> おまえ、ほんとに俺の弟か??
>
> 折り返し点だ。地球にいる弟はどうしているだろう?
>
> 兄さんが向こうに着いたな
>
> 弟よ、行ってくるぞ!!
>
> 兄さん、行ってらっしゃい
>
> この図は、上へ行くほど未来になります

　この話の大事なポイントは、「弟から見れば移動したのは兄だが、兄から見れば弟のほうが移動しているのではないのか」という点をちゃんと吟味しなくてはいけないということである。

　果たして兄と弟は本当に平等だろうか??──もちろんそうではない。弟は地球で「静止」しているが、兄は折り返し点で「加速(方向転換)」を経験するからである。方向転換(加速)をするとなぜ不平等になるのか。

　それを理解するためには、相対論における「同時の相対性」ということを理解する必要がある。この「同時の相対性」はウラシマ効果やローレンツ収縮同様に重要な事実なのに、説明のしにくさからか一般向け解説書では扱いが少ないようだ。では同時の相対性というのは何から出てくるかというと、そのルーツは相対論の重要な(実験に裏打ちされた)「光速度不変の原理」である。これは、「誰が見ても光速度は同じに見える」ということを意味している。実はこれ

はものすご〜いことなのである。相対論にはいろいろ人間の直観に合わない部分があるが、この「同時の相対性」が一番理解しにくいかもしれない[*1]。

図で説明しよう。次の図は、点P, 点Qと、その真ん中の人が静止している様子である。

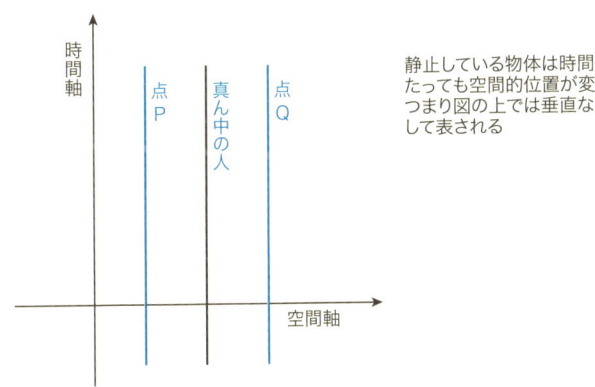

| 時間軸 | 点P | 真ん中の人 | 点Q | 空間軸 |

静止している物体は時間がたっても空間的位置が変わらない。つまり図の上では垂直な縦線として表される

この図の縦軸は時間であり、横軸は空間である。点Pと点Qは真ん中（黒い線）から等距離にある。以下しばらく続くグラフでは、縦軸の時間を「秒」で測るとしたら、横軸の空間は「光秒」すなわち「光が1秒で進む距離」で測ることにする。このような単位にするとグラフ上では光は常に45°の傾きの直線になる。

＊1 その直観で理解しにくい点がキーポイントであるがゆえに「双子のパラドックス」に悩む人が多いのだろう。

点Pと点Qで同時に光を出したとする。当然、真ん中の黒い線には同時に光が到達する（右の図を見ればそれは自明だ）。真ん中の人は「自分の目の前で2つの光が交差した」と観測するはずである。

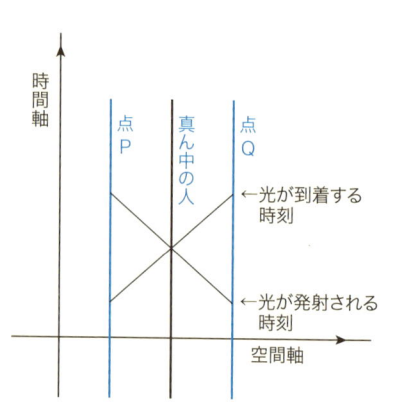

時間軸／点P／真ん中の人／点Q
←光が到着する時刻
←光が発射される時刻
空間軸

この一連の現象を、点P、点Q、および真ん中の人に対して動いている人が見たらどうなるか。

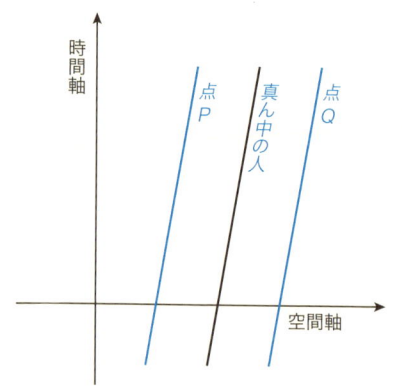

時間軸／点P／真ん中の人／点Q／空間軸

移動している物体は時間がたつと空間的位置が変っていく。つまり図の上では斜めの線として表される

一般常識的に考えると、やはり「光はPとQを同時に出発し、同時に真ん中に到達する」と思いたい。ところが、その間に「真ん中の人」（図の黒い線）が動くことを考えると、こうなるためには光の一方は通常より速く、もう一方は通常より遅くなっていなくてはいけない（上の図で光線の傾きが45°でない角度になっていることに注意）。

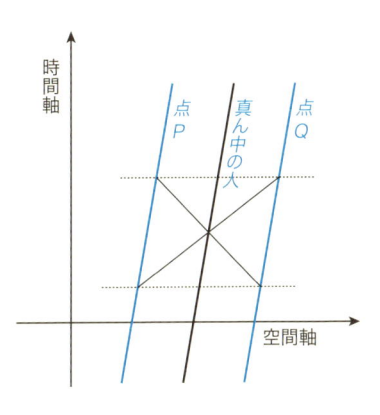

　ところが、それが実験事実に反するわけである。「光速が誰が観測しても一定」という実験事実を満足させるためには、右の図のように、点Pを光が出た時刻と点Qを光が出た時刻が（この座標系で見れば）違う時刻であるとせねばならない。こうすると、ちゃんと真ん中の人の前で光が交差するし、光線の傾きは45°である（これこそ光速度不変の原理）。

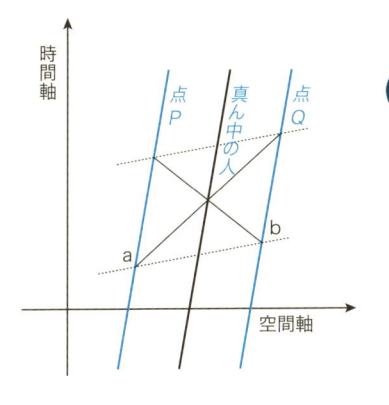

　だから、この電車内の人が「同時」と感じる図のaとbは、外から見ている人にとっては「同時」ではない。

　結局、動いている人にとっての同時刻線（空間軸）は止まっている人に対して傾くことになる。この傾きこそが双子のパラドックスの

肝である。

ここで双子のパラドックスの前に、もっと根元的な疑問に答えよう。その疑問とは

✋ 相対論を勉強した人がよく抱く疑問
Question

「動いていると遅くなる」というが、それでは互いに相手の時間を遅いと感じることになる。矛盾ではないのか？

ということである。この疑問は、「時間が遅れる」ということを図のように解釈することで解消する。

まず右の図を見て欲しい。黒で書いた座標軸は、「止まっている人」にとっての時間軸と空間軸である。「**動いている人**」の座標軸は青で書いてある。「**動いている人**」と「**止まっている人**」の座標原点（X＝0 の点）は、図のOにおいては一致しているが、「**動いている人**」の座標原点はどんどんずれていく（だって「**動いている人**」なんだから）。つまり、時間軸が傾く。そして、空間軸のほうも一緒に傾く。

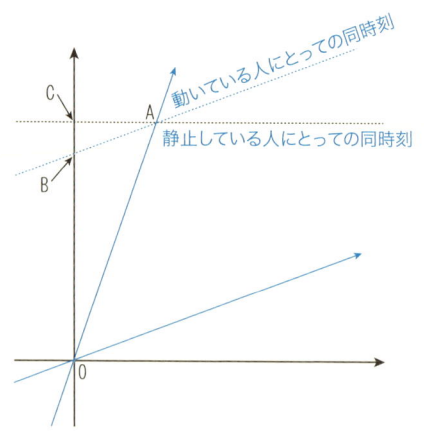

図の上ではOAのほうがOCより長く見えるが、これは4次元時空のマジックなので気にしてはいけない。実際の4次元的距離は、

OAのほうがOCより短い。

「止まっている人」にとっての同時は図の水平線（黒の点線）なので、

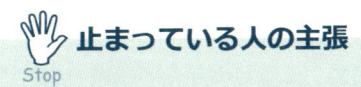

> ### ✋ 止まっている人の主張
> 私の時間がOからCまで経つ間に、「動いている人」の時間はOからAまで経った。つまり、彼の時間のほうがゆっくり進んだ。

となる。

ところが、「**動いている人**」にとっての同時は斜めの線（青の点線）なのだから、

> ### ✋ 動いている人の主張
> 私の時間がOからAまで経つ間に、「止まっている人」の時間はOからBまで経った。つまり、彼の時間のほうがゆっくり進んだ。

となる。

右の図は「動いている人」の主観を尊重した図で書いている。この場合、止まっている人の座標系が斜めになっている。「同時刻」の定義が2人で異なっているために「互いに互いの時間を遅く感じ

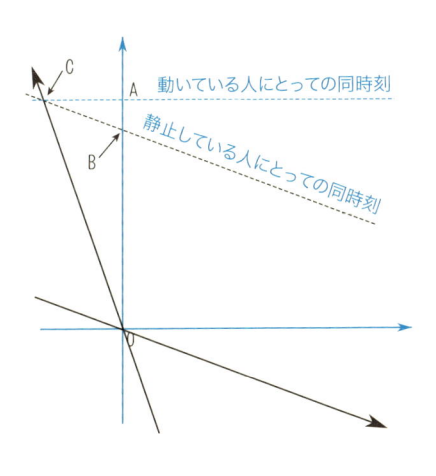

る」という一見矛盾した現象が起きているのである。

 と、ここまでの話がよくわかっていれば、双子のパラドックスはもはやパラドックスでもなんでもないことがわかる。兄は宇宙のどこかに行って、帰ってくる。行きと帰りでは運動の方向が逆だから「**行きの兄の座標系**」と「**帰りの兄の座標系**」は違う座標系になっている。それを書いたのが次の図である。この図で「**行きの兄の座標系**」を青色で、「**帰りの兄の座標系**」を灰色で書いている。

 「互いに互いの時間を遅く感じる」というのが相対論の主張なのに、この場合は弟は兄の時間を遅く感じるが、兄は弟の時間を長く感じる。その矛盾はどのように解消されるか。

 「行きの兄」にとっての同時刻を考えると、Pとqが同時刻である。ところが「帰りの兄」にとってはPとQが同時刻になる。つまり、兄は「行き」から「帰り」に変わった瞬間に(兄にとっての)弟の時間がqからQへとジャンプすることになる。これは「行きの座標系」から「帰りの座標系」への乗

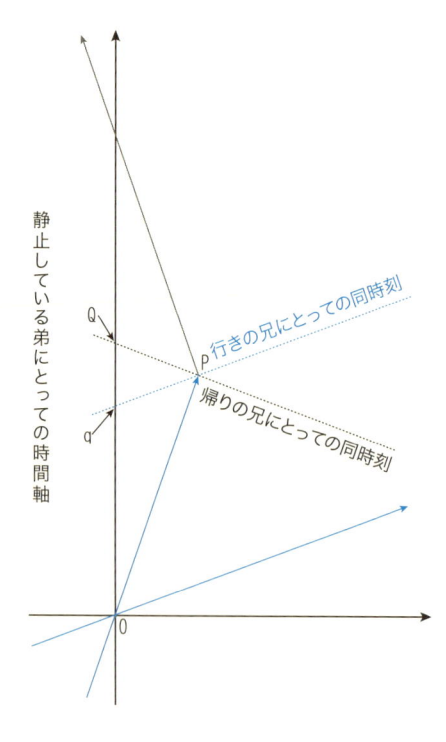

り換えが行われるからである。そしてこの座標系の乗り換えをしなくてはいけないのは兄だけであり、それゆえ兄だけが「弟の時間がジャンプする！」という現象を経験（眼に見えるわけではない）する。ここに兄と弟の不平等が出てくる。

具体的な数字を入れて説明しておこう。図では弟の主観をすべて青い線で表現している。兄にとって、兄の往路にかかる時間はOからBであるが、弟にとってはOからAまでである。そして、兄の主観（灰色の線で表現している）では、往路が終了した時点で弟はOからCまでしか経験していない。この時弟から見て兄の時間は0.6倍になっているが、弟から見て兄の時間は、やはり0.6倍になっている。兄がUターン（B）し終わった時、今度は兄の同時刻線は左上がりの線となり、兄から見た弟の時刻はDまで移動する。つまり兄にとっての弟の時間はCからDまでジャンプするのである。

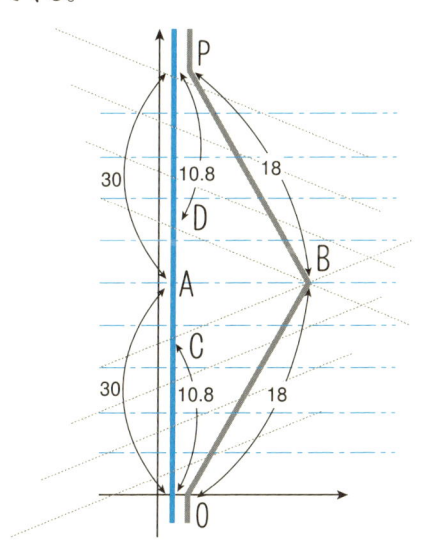

ここでもう一度強調しておこう。双子のパラドックスの説明としてよく「兄と弟の立場の違いは加速を経験するか否かにある」と言われる。しかし今説明したように、より細かく見るならば、「加速を経験する」→「ゆえに座標系の乗り換えが必要になる」→「ゆえに兄と

弟の時間は一致しない」という段階を踏んで、加速のあるなしが時間の不一致を生んでいることになる。

👍 じゃあ、ロケットがいったん静止せずに、Uターンしたら？

その場合、ロケットにとっての同時刻面がぐるりと180°向きを変える。上下方向を時間軸にした4次元図（4次元を3次元で表現している）を書くと次のようになる。

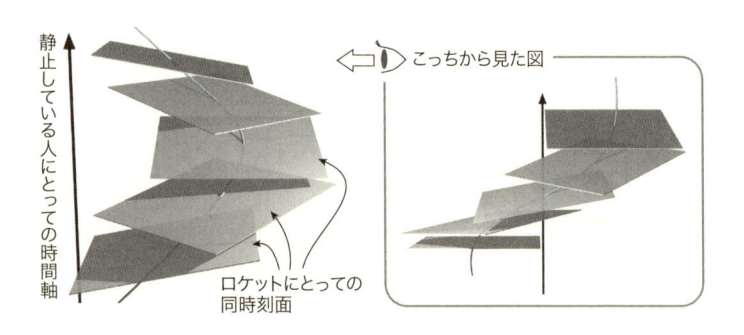

3D図になった分、すこしごちゃごちゃしてしまっているが、この状況はロケットがいったん静止する時と変わらない。この同時刻面がぐるっと半回転する間に、ロケットに乗った兄にとって、地球にいる弟の時間が大きく経過することになる。いっきに「座標系の乗り換え」をするのではなく、じわりじわりと座標系が変形していくわけである（もちろん、実際のロケットの運動はこっちに近い）。

> 「双子のパラドックスの解決には一般相対論が必要だ」と聞いたのですが

　相対論的な考え方に従えば「物事は相対的」なのだから、「兄が加速したんじゃなく弟が加速したんだ！」というふうに「相対的」な考え方をしてもよさそうである。よって「兄がずーーっと静止していると考えることはできないのか？」という疑問が沸いてくる。この場合は兄と弟は対等になるかというと、そうはいかない。兄は途中、慣性力を感じる時間がある。車で急ブレーキしたり急発進した時に身体に感じるあの感覚である。つまり兄と弟は物理的に[*2]違う現象を体験するのであるから、平等ではない。

　一般相対論によればこの慣性力は重力と同じもので、つまり兄の静止している空間は曲がった空間であるということになる。兄は自分が静止していると考えたとしても「力を感じる」という物理現象によって、弟との不平等を強制されてしまうのである。この場合、兄が「重力を感じるから空間が曲がっている」と認識するためには一般相対論が必要になる。つまり「何がなんでも兄は止まっているとして問題を解きたいのだ！」という強い欲求がある時、初めて一般相対論が登場する必要がある。

＊2　この「物理的に」違うということに注意。実際に兄は力を感じるし、弟は感じない。これは解釈どうこうの問題ではないのである。

終わりに

　以上、19個のFAQについて図と式で説明をしてみた。いろんな疑問に答えようとして範囲を広げ過ぎたかもしれないが、理工系の大学で物理やこれに関連することを勉強していくと、自然と出てくる疑問の数々に、ある程度解答を与えることができるようにしたつもりである。

　ただ（1冊の本が終わった後でこんなこと書くのもどうか、と自分でも思うが）、

　　「これでわかった!!」などとは思わないで欲しい！

と書いておかなくてはいけないだろう。

　なぜかというと、1つには「**自分で手を動かさないとわからないことが、世の中にはたくさんある**」ということ。本を読んでわかった気になっても、実際それを使って体験を積まないと、身についてはいかない。けっして「これでもう大丈夫」などと思わない方がいい。特にこの本ではあえて、図解を多用して「見て解るように」と心がけたのだが、やはり数式をちゃんと自分で手を動かして追いかけてこそわかるものというのがある。そのことを忘れないで欲しい。

　もう1つは、いろんな題材をとりあげつつも、なおかつ1冊の本にしたため、当然ながら「この本だけでは全てを尽くしてない」ということである。電磁気なら電磁気の、ベクトル解析ならベクトル解析の、あるいは相対論なら相対論の、各々の分野の教科書を1冊を、きっちり読もう（もちろんその過程ではまたたくさん疑問が湧いてくるだろうけど）。そうしないと、その分野の勉強をちゃんと修めたとは言えないだろう。

　「なんで僕（私）はこんなことがわからないのだろう？」と思うような素朴な疑問であっても、考え続けることでそれが解決した時はとても嬉しいものだ。この本が読者にそういう喜びを1つでも与えることができたなら、著者の望みは達成されたことになる。そしてできるなら、これからも疑問を持ち続けて、解決する喜びを探し続けて欲しいと願う。

索 引
INDEX

英数

det 38
div 44
grad 53
rot 49

あ行

アンペールの貫流則 145
位相 119
位置エネルギー 103
1次変換 35
運動エネルギー 103
エンタルピー 136
エントロピー 120
オイラー・ラグランジュ方程式 .. 79

か行

外積 92
仮想仕事の原理 96
仮想変位 100
ギッブスの自由エネルギー 133
基底ベクトル 70
行列式 35

さ行

極座標 28
極座標ラプラシアン 68
虚数部 84

最小作用の原理 103
仕事の原理 101
実数部 84
常微分 28
真電荷 172
スカラー積 59
スカラーポテンシャル 161
ストークスの定理 56
静電気 155
静電ポテンシャル 161
静力学 104
絶対温度 120
線積分 92
束縛力 98

た行

ダランベールの原理 108

断熱過程	139	分極	172
直交座標	28	分極電荷	172
つりあいの式	95	ベクトル	35
定圧過程用のエネルギー	136	ベクトルポテンシャル	161
定積過程	136	ヘルムホルツの自由エネルギー	138
電荷密度	159	変位電流	153
電気双極子モーメント	173	偏微分	28
電場	156	変分法	78
等温過程	139	ポアッソン方程式	81
統計力学	127	保存力	105
等分配の法則	123	ボルツマン定数	130

な行

内積	92
ナブラ	68
熱力学	133
熱量	120

は行

波動方程式	65
万有引力	162
ハミルトン	119
ビオ・サバールの法則	146
複素数	85
複素積分	92
フレミングの法則	164

ま行

マックスウェル方程式	171
右ネジの法則	164

ら行

ラプラシアン	59
ラプラス方程式	65
量子力学	119
ローレンツ変換	169

本書のサポートページについて

　物理や数学を理解するには、数式だけでなく図解も大事である。特に最近コンピュータの発達により、アニメーションなどを用いたインタラクティブな教材を使って物理や数学を理解できるようになった。著者は大学の授業でも活用している。
　そこで、本書の中での図解のプログラムをインターネットで公開しておくので、理解の助けにして欲しいと思う。URL は、

http://irobutsu.a.la9.jp/mybook/kndksPM/

である。
　例えば疑問❶でグラフを拡大していくことで微分の極限を理解しよう、ということを書いたが、実際にグラフをどんどん拡大していくアニメーションのプログラムなどを公開しておく。
　その他にもいろいろなプログラムを公開しておく予定なので、動く図を見ながら改めて「なるほど！」と納得して欲しいと思う。

著者紹介

◎前野 昌弘

1985年　神戸大学理学部物理学科卒業
1990年　大阪大学大学院理学研究科博士後期課程修了
1995年より琉球大学理学部教員（現在は琉球大学理学部物質地球科学科准教授）
インターネットのホームページ（http://irobutsu.a.la9.jp/）などで、物理などの情報を公開している。ネット上のハンドル名は「いろもの物理学者」。著書には他に「よくわかる電磁気学」（東京図書）がある。twitter アカウントは、「irobutsu」。

知りたい！サイエンス

今度こそ納得する物理・数学再入門
— 誰もが答えを知りたかったFAQ —

2010年7月5日　初版　第1刷発行
2017年7月19日　初版　第6刷発行

著　者　前野 昌弘
発行者　片岡 巖
発行所　株式会社技術評論社
　　　　東京都新宿区市谷左内町21-13
　　　　電話　03-3513-6150　販売促進部
　　　　　　　03-3267-2270　書籍編集部
印刷・製本　港北出版印刷株式会社

定価はカバーに表示してあります

本書の一部、または全部を著作権法の定める範囲を超え、無断で複写、複製、転載、テープ化、ファイルに落とすことを禁じます。

©2010 Masahiro Maeno

造本には細心の注意を払っておりますが、万が一、乱丁（ページの乱れ）や落丁（ページの抜け）がございましたら、小社販売促進部までお送りください。送料小社負担にてお取り替えいたします。

●装丁
　中村友和（ROVARIS）

●本文デザイン、DTP
　有限会社 ハル工房

●イラスト
　水口紀美子（ハル工房）

ISBN978-4-7741-4286-9　C3041
Printed in Japan